U0259050

USTCERS FOR POPULAR SCIENCE

科大人说科普

中国科大科技活动周
科普报告集

包信和 ✦ 主编

中国科学技术大学出版社

内 容 简 介

本书将中国科学技术大学2022年科技活动周暨第十八届公众科学日活动的"重头戏"——系列科普报告会内容整理出版,以图书的形式更好地向社会大众普及科学知识、弘扬科学精神,包含包信和、陈仙辉、田志刚、郭光灿、吴伟仁、封东来、李建刚、周忠和8位院士和科大讯飞创始人刘庆峰的报告,内容涉及碳能源、超导、免疫力和免疫治疗、人工智能、航天、量子计算机等,力求为社会公众带来一场科普盛宴,助力中国科大的科学普及工作、提高公众科学文化素养,让科普报告惠及更多的社会大众。

图书在版编目(CIP)数据

科大人说科普:中国科大科技活动周科普报告集/包信和主编.—合肥:中国科学技术大学出版社,2023.12

ISBN 978-7-312-05640-6

Ⅰ.科⋯　Ⅱ.包⋯　Ⅲ.科学普及—研究报告—中国—2022　Ⅳ.N4

中国国家版本馆CIP数据核字(2023)第056154号

科大人说科普:中国科大科技活动周科普报告集
KEDA REN SHUO KEPU:ZHONGGUO KEDA KEJI HUODONG ZHOU KEPU BAOGAO JI

出版	中国科学技术大学出版社
	安徽省合肥市金寨路96号,230026
	http://press.ustc.edu.cn
	http://zgkxjsdxcbs.tmall.com
印刷	合肥华苑印刷包装有限公司
发行	中国科学技术大学出版社
开本	787 mm×1092 mm　1/16
印张	19.25
字数	305千
版次	2023年12月第1版
印次	2023年12月第1次印刷
定价	99.00元

编 委 会

主　　编　包信和

执行主编　罗喜胜

副 主 编　黄　方　陈　涛

编　　委　朱霁平　王　伟

为大力弘扬科学精神、普及科学知识,根据科技部、中宣部、中国科协、中国科学院总体部署,中国科大成功举办了2022年科技活动周暨第十八届公众科学日活动。此次科技活动周科普点数量、活动方案数量均创历史新高。作为活动周的"重头戏",包含9场科普讲座的报告会圆满举行。我们邀请了来自基础研究、工程应用和产业实践领域的院士、专家,聚焦国家重大战略和前沿科技领域,重点介绍近年来科技创新取得的系列重大成果,为社会公众带来了一场科学盛宴。

该系列科普报告活动的9位报告人中有8位院士,9位主持人中也有8位院士。我们为什么要以这样高的规格来开展这次科普活动? 我们想取得什么样的效果呢? 在回答这两个问题之前,首先要感谢一下所有的报告人和主持人。

我们为什么要以这样高的规格来开展这次科普活动? 一

是因为科普是一项非常重要的工作。这次科技活动周就是为了深入贯彻习近平总书记关于"科技创新、科学普及是实现创新发展的两翼"重要论述精神,深刻认识全民科学素质建设的责任和使命,推动在全社会形成讲科学、爱科学、学科学、用科学的良好氛围。二是因为科普是科研工作者的责任和义务。每一位科研工作者其实都有一个科普梦,因为科学可以帮助我们理解世界,科技可以帮助我们实现梦想。

我们想取得什么样的效果?我们希望唤起社会公众对科学的热情,引起学生们对科学的兴趣,引导青年们积极投身科学事业,希望能起到示范作用,呼吁更多的专家学者投身到科普工作中。其实讲好科普是一件很难的事情,说得专业、准确,受众不一定能听懂;做个比喻,又往往失去了精准性。讲好科普既要懂科学,又要会表达,所以我们需要更多针对各个层级、不同层次受众的专业的甚至专职的科普讲师。做科普是一个厚积薄发的过程,比如做理论的和做实验的人讲同一个东西绝对是不一样的,拥有一线工作经历是高质量科普的保证,中青年科研工作者要成为向青少年传播科学的中坚力量。他们在年龄上更贴近青少年受众,双方比较容易沟通,而且正处于科研一线,亲身经历更加鲜活。这个社会既要有人推进科技向前发展,也要有人传播既有的科学知识,两者是同等重要的。

做好科普工作任重而道远,为了助力科学普及工作、提高公众科学文化素养,让科普报告惠及更多的社会大众,更好地向社会大众普及科学知识、弘扬科学精神,中国科学技术大学特将9场报告结集为《科大人说科普》出版。出版对人类文明的发展有着极为重要的作用,出版既是知识的终点,又是知识的起点。希望纸质图书的出版能更好地让大家吸收这些知识。

　　对青少年来说,在成长过程中想象力比知识更重要,在学习中提出一个好的问题比知道答案更重要。科普的意义就在于让青少年了解"科学",那什么是"科学"呢? 我们总是把正确的事物说成是"科学的",因为"科学是对客观世界的反映";但是人类对宇宙的认识,从"地心说"到"日心说"再到今天的"大爆炸说",在每个阶段都被认为是"科学的",事实上,"人的认知是不断向前发展的","每一种认知都是有局限的";可以说,人类对世界的探索就是一个"盲人摸象"的过程,每个人都认为自己看到了真相,当然也确实是"真相",但只是局部的,放在更大的时空来看就是不完整的。"科学"的态度是我们不能否认那些看不到的东西,比如暗物质、暗能量;也不能盲目地认为现在掌握的一切在哪里都是适用的。探索科学的道路是无止境的,而且是迂回的,今日之科学也许就是明日之谬误,今日之幻想也许就是明日之真理。那如何才能让科学更"正确"呢? 当然是"站得更高,看得更远"! 要么靠近原点,要么跳到"物外"。了解"科学"的实质是让青少年掌握科学的思维方式,当青少年提出了问题,并又想办法去解决它的时候,我们的科普工作就算是卓有成效了。我们也希望青少年朋友多学习一些知识,尤其是数理化方面的知识,因为这些知识是成就科学家梦想的基础,也是"站得更高"的基石。

　　在科普的过程中,"创新"意识的培养是极其重要的,没有创新的精神

就没有发展的结果。中国科大就是一所秉持"潜心立德树人，执着攻关创新"理念的大学。1958年中国科大的成立，就是为了培养人才以解决国家在"两弹一星"研究当中所遇到的非常关键的基础性问题。成立65年来，中国科大一直鼓励、支持基础研究工作。近年来，中国科大成立碳中和研究院、参与建设深空探测实验室、推动合肥先进光源建设、加快临床研究医院发展……从"墨子"升空到"嫦娥"揽月，从"天问"探火到"奋斗者号"遨游深海，中国科大主导、参与多项"大国重器"研究，原创性科技成果不断涌现，为国家科技与经济发展做出了重要贡献。

我们所有的努力都是为了播兴趣之种、追科学之光、树创新之心、培求真之魂、结科技之果、育有识之士、筑强国之基、壮民族之威。

是为序。

包信和

2023 年 10 月

1

碳能源的前世今生

碳达峰、碳中和面临的机遇和挑战

报告人介绍

包信和

　　物理化学家，理学博士、研究员、教授，中国科学技术大学校长。中国科学院院士、发展中国家科学院（TWAS）院士和英国皇家化学会荣誉会士（HonFRSC）。主要从事能源高效转化相关的表面科学和催化化学基础研究，以及新型催化过程和新催化剂研制和开发工作。曾任中国科学院大连化学物理研究所所长助理、副所长和所长，中国科学院沈阳分院院长，复旦大学常务副校长。第九届、十届、十二届、十三届、十四届全国人大代表。第十三届和第十四届全国人民代表大会常务委员会委员。

报告摘要

　　报告从传统化石能源的使用和发展历程入手，高度肯定碳基能源为推动人类文明和促进国民经济发展所做出的巨大贡献。系统分析传统能源使用过程中二氧化碳释放机制对生态环境的影响，以及对人类社会可持续发展带来的严峻挑战，充分阐述了未来能源体系向低碳和零碳过渡的必要性和紧迫性。报告从技术进步和经济发展的不同视野，系统分析可再生能源发展面临的机遇和挑战，并以可再生绿氢的生产、使用为例，对未来人类在零碳社会中工作和生活进行了憧憬。

主持人介绍

舒歌群

　　教授，博士生导师，中国科学技术大学党委书记，国务院学位委员会第七届学科评议组动力工程及工程热物理组成员、教育部高等学校能源动力类专业教学指导委员会副主任、教育部科技委先进制造学部副主任，中国内燃机学会副理事长、中国内燃机学会编辑委员会主任委员。长期从事内燃机设计和内燃机余热能转化和利用的研究工作。先后任天津大学内燃机教研室副主任、汽车工程系主任、科技处副处长和处长、内燃机燃烧学国家重点实验室主任，天津大学党委常委、副校长，天津大学党委副书记、副校长，天津大学党委常务副书记、副校长，天津大学党委常务副书记，中国科学技术大学党委书记。

包信和：降碳的最佳路线是节能

能源是人类的生命之源、文明之源，我们的美好生活离不开能源。

在系列科普报告会上，中国科大校长包信和院士作《碳能源的前世今生——碳达峰、碳中和的机遇和挑战》报告。

包信和从传统化石能源的使用和发展历程入手，分析二氧化碳排放和温室效应及其对生态环境的影响、对人类社会可持续发展带来的严峻挑战。

包信和指出，我国实现"碳达峰""碳中和"是一场"硬仗"。通常要实现"碳中和"目标，就需要经济社会达到一定的条件和水平。然而，目前我国人均GDP仅1万美元左右，能源消费仍处于上升通道，并且没有时间重复发达国家"人均能源消费先快速增长、长时间饱和、逐渐下降"的历程。

导 读

因此，他认为产业结构调整和能源结构变革是必由之路。

化石资源还用不用？包信和说："煤的清洁利用，特别是煤转化一直是我国的发展战略，但要彻底改变传统工艺，从根本上减少二氧化碳排放和水消耗。煤转化的必然趋势是与可再生能源和氢等耦合。"

可再生资源怎么用？包信和认为，要规模化利用可再生资源，其中太阳能是未来可再生能源规模化利用的重点，并且提出了氢通过甲醇、氨等作为储能载体的可能途径。

可以说，推动可再生绿氢的生产与应用，将成为实现"碳达峰""碳中和"目标的重要路径。为何选择氢？包信和指出，因为氢具有效率高、无污染的优势，氢能利用的最大挑战就是如何高效、低成本制备氢，如何安全经济地储运。自然界本身没有氢能，氢能只是可再生能源的"搬运工"。

最后，包信和总结了我国"碳中和"与"能源革命"的必然路径，即化石能源是基础，可再生能源是根本，氢能技术是关键，负碳技术是未来。他认为，"降碳的最佳路线是节能"。

主持人:

现场的老师们、同学们以及通过线上参加本次报告会的朋友们,大家上午好!我是中国科学技术大学党委书记舒歌群。欢迎大家来聆听"走进科技 你我同行"系列科普报告。今天我们非常荣幸地邀请到中国科大校长包信和院士为我们作首场报告。下面请允许我介绍包信和院士的基本情况:包信和院士是江苏扬中人,物理化学家,中国科学技术大学校长,中国科学院院士、发展中国家科学院院士和英国皇家化学会荣誉会士。曾先后担任中国科学院大连化物所所长、中国科学院沈阳分院院长、复旦大学常务副校长等职务。主要从事能源高效转化相关的表面科学和催化化学基础研究,以及新型催化过程和新催化剂研制和开发工作。今天包信和院士的报告题目是《碳能源的前世今生》,副标题是《碳达峰、碳中和面临的机遇和挑战》。下面有请包信和院士。

报告人:

线上线下的同学们、朋友们,大家上午好!今天特别高兴能有机会跟大家来交流关于太阳能源、关于碳达峰和碳中和方面的知识。特别感谢我校党委书记舒歌群教授对我的介绍。今天参加线上线下报告会的有小学生、中学生,还有我们学校的大学生。面对不同年龄段群体,怎么能够把这场科普报告讲好,这对我来说是一个很大的挑战。尽管如此,我仍会竭尽所能讲好这场报告。大家在我做报告期间如果有什么问题,可以随时提出来。

今天我想跟大家讲一讲碳能源方面的知识,同时介绍一些最近大家都比较关心的碳达峰、碳中和方面的知识。那么到底什么是"碳达峰",什么是"碳中和"?

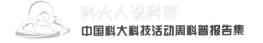

能源是人类的生命之源、文明之源

首先，我们来讲"能"。

大家都知道我们做什么事情都要有能量，都要有力气，实际上力气说起来就是一种能。我报告的题目里含有"能源"一词，那么什么叫"能源"？"能源"就是可以转化为能量的资源。能源这种简单的资源，包含煤、石油、天然气、太阳能等。"能"，包括火，实际上是人类的生命之源，也是文明之源。大家可以想象一下，如果没有火、没有能，我们的生活肯定不是现在这个样子。

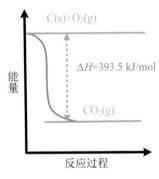

◎ 图1　碳基(化石)能源

接下来，我们来讲碳能源。碳为什么是一种能源？碳怎么会有能量呢？大家对此一定会有疑虑。碳从能级上来看是比较高的单原子的物质。它跟氧反应以后会释放出大量的能量。如图1所示的红色曲线，这条线是往下走的。这个反应能释放出多少能量？大概1摩尔的碳，也就是说，12克的碳大概要释放400千焦耳的能量。这个能量是很高的。1度电是多少？是3600千焦。也就是说，1克的碳能够释放出很多的能量。

我们美好的生活离不开能源

我们的日常生活肯定都离不开能源（图2）。请问在场的同学们："你们的爷爷奶奶是怎么把饭给烧出来的？"现在家里一般都用煤气做饭了。但在较早的时候，人们基本上是通过烧柴的方式来做饭的，现在农村有的地方还是在用这种方法来做的。柴火也是碳，碳和氧反应，释放出能量。在这之后，人们通过烧煤球（蜂窝煤）的方式来做饭。而现在，人们大多通过烧煤气的方式来做饭，这种方式相对来说更方便，但归根到底还是碳能源。

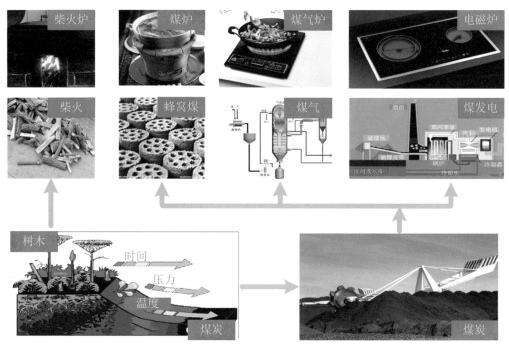

◎ 图2　生活中的能源

能源的历史和未来

煤气是什么？主要是一氧化碳。我们现在烧的都是甲烷（天然气）。从地下开采上来的甲烷，叫甲烷气。很多城市里人们使用的煤气大多是用煤作为原料以人工的方法制造出来的，是把煤烧成煤气的。未来我们可能烧什么？我们也许不烧煤气了，因为煤气可能会漏气，还有各种各样的安全问题，还会产生二氧化碳。我们也开始用电，比如用电磁炉做饭。

不管用电也好，用煤气也好，都是从煤来的。大家都知道煤是怎么形成的，就是树或其他植物在地下长期与空气隔绝，并在高温高压下，经过一系列复杂的物理化学变化等，经过大概一亿年时间，形成了黑色可燃沉积岩，也就是煤。

煤炭、石油、天然气都是化石能源（图3），这类能源基本上都是碳能源。但是这些能源在使用过程中会产生一些问题。例如，在使用过程中会排放出二氧化碳，有些能源不够清洁，有污染。于是，人们开始寻找新能源。

◎ 图3　化石能源

人们最初发现的新能源是水力发电，之后是核发电，以及现在的风力发电、太阳能发电（图4）。

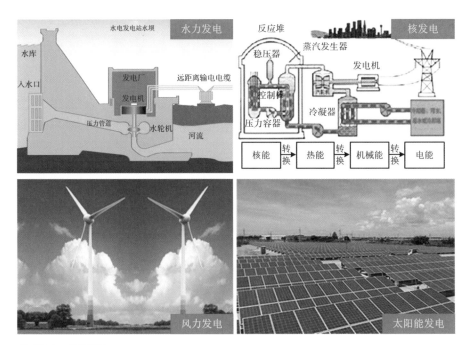

◎ 图4　新能源

对于未来的能源，大家可以看到，已经慢慢地从碳能源转变到我们所说的可再生能源。为什么会有这样的转变呢？作为化学家，如何看待未来的能源（图5）？我们此次系列科普报告里还有李建刚院士的报告，他会来讲能源，他讲的能源是什么？是"小太阳"，就是核聚变。而我现在讲的能源，更多的是关于化学在能源当中的作用。

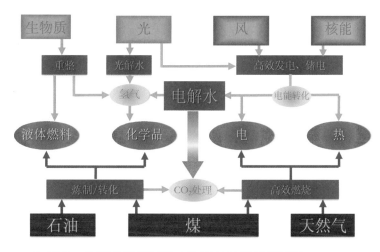

◎ 图5　化学家视野下的未来高效洁净能源系统

能源有些叫一次能源，有些叫二次能源。那么什么是二次能源？基本上就是我们现在能使用的能源，包括电、热等。二次能源是怎么来的？一般来说，二次能源都是从一次能源转化过来的。我们现在说得比较多的一次能源，就是煤、石油、天然气等化石能源。如何把一次能源转化成我们能用的二次能源？现在转换的方法基本上都很完善了。

那么大家一定会有疑问：既然现在转换的方法这么完善了，为什么还要提能源这件事？能源问题不都解决了吗？

事实上，能源问题一直存在。煤、石油、天然气并不是取之不尽、用之不竭的。煤被人类开采得越来越少，石油也是，但是人类还得延续下去。未来到底怎么办？我们要寻找新能源、可再生能源，寻找用完了之后还能再生的能源，也就是取之不尽的能源。

接下来讲经济的、可行的可再生一次能源。这是什么东西呢？三个字：光、风、核。除了核聚变以外，一般的核裂变的核也不是可再生的。

有了可再生一次能源以后，我们也不能直接使用它。比如光、风。夏天吹吹风倒是可以的，但是不能作为能源使用。所以人们就得想办法把它转变为我们能用的二次能源，就得把它们变成液体燃料，变成电、热这样一类能源。

而在这个转换的过程中，人们就有很多事情要做了：有化学家要做的事情，有物理学家要做的事情，当然也有生物学家要做的事情。光、风、核能发电，发成电以后，就要考虑储电，要把电储存起来。如果不储存，太阳能白天发了电，晚上就变得没有电了，这样也不行。人们需要把它重整，再把它变成化学品，变成液体燃料等。

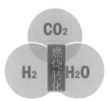

◎ 图6　能源转化

这里面非常重要的一点，就是怎么把电变成化学品。大家都知道电是电子的流动，化学品都是有物质基础的，有碳、氢、氧等。怎么把这些电变成化学品？电通过电解水变成氢气，氢气和其他物质反应以后，变成各种各样的化学品。以上就是我们化学家需要做的事情。有了电解水的氢气以后，人们就能处理二氧化碳，使其变成对我们有用的东西。

我们中学就学化学，知道碳、氢、氧是最基本的化学元素。实际上，在能源的转化过程中，从化学角度来讲，就是碳、氢、氧这三种元素在变。碳变成了二氧化碳，氢和氧变成了水，碳和氢变成了化学品（图6）。

二氧化碳排放和温室效应

前面我提到二氧化碳排放是一个问题。大家一定在想：为什么排放二氧化碳是一个问题？为什么大家都关注这件事情？学过化学的人都知道，碳和氧气反应后变成二氧化碳，碳的分子量是12，二氧化碳的分子量是44。也就是说，12克碳（1摩尔碳）会释放44克二氧化碳。大家算一算，1吨煤（如果是百分之百的碳的话）要释放出3.66吨二氧化碳（图7），那这个可不得了。

大家一定会问：释放二氧化碳有什么问题？二氧化碳不是都排到大气里了

吗？我们地球的能量都是从太阳来的，太阳怎么释放能量呢？就是通过太阳辐射，像光这样都是辐射到地球上面来的。光到地球上来，一部分能量被地球吸收了（包括被植物吸收），另一部分能量就以红外线的形式放出去了。本来

$$C(碳)+O_2=CO_2$$
放热：393.5 kJ/mol

1吨煤，释放约3.66吨二氧化碳
30亿吨煤，释放约110亿吨二氧化碳

◎ 图7　碳的燃烧

通过一部分释放、一部分吸收把我们地球的温度基本维持在一个平衡的温度。但是有了二氧化碳以后，二氧化碳慢慢地就到大气层里去了。大气层就像让地球盖了一床被子。我们冬天睡觉都要盖上被子。盖被子的目的是什么？被子是不发热的，但它可以隔开外面的冷和里面我们人体的热，让热释放不出去，所以我们就会感到盖上被子是热的。大家想一想，假如地球表面也被盖了这层被子，那么热量不就不能被释放了吗？地球就会发热了，一发热很多问题就显现出来了。大家是否知道地球的温度在最近100年或者200年内上升了多少摄氏度？北极本来有很大一片冰川，但是地球温度升高1～2摄氏度以后，冰川慢慢就融化了，对整个地球的温度、气候循环产生了很大的影响。同时，冰川是淡水，本来都在山上，但是一旦融化，就会流下来，流到海里，就会导致海平面上升。如果长期发展下去，海平面上升以后，有些小岛，比如地处在海平面一两米或者一米都不到的小岛，就会被淹没，进而给世界造成多种灾害。大家近期在讨论的一个问题：到了21世纪末，地球平均升温是不是不能超过2摄氏度？同学们一定在想：升高这2摄氏度算什么？实际上影响是很大的！大家讨论以后，认为升高这2摄氏度后的温度还是太高了，到21世纪末升温一定不能超过1.5摄氏度！因此，这样一来，大家就把二氧化碳看作造成地球升温的罪魁祸首了，要阻止升温，就要减少二氧化碳！

"碳中和"相关概念

碳中和是什么？就是到了某一个时间节点（我们中国人说2060年），我们排出去的碳同被吸收掉的碳要达到平衡，达到中和（图8）。什么东西吸收碳？树。大家知道树有光合作用，白天太阳一晒，把二氧化碳跟水一反应，就释放出了氧气，吸收了二氧化碳。还有土壤、海洋，它们也吸收了二氧化碳。人们希望

未来吸收的碳同人类活动排放的碳能够达到平衡,这就叫碳中和。

排放　　　　　吸收

◎ 图8　平衡(中和)

　　人们认为实现碳中和还不够,还提出了温室气体中和。温室气体不光是二氧化碳、甲烷,还有我们冰箱里用的氟利昂。就我们中国而言,到2030年要达到碳达峰。碳达峰是什么?碳达峰是二氧化碳排放量由增转降的历史拐点,就是到某一个时间节点(我们中国人说2030年),二氧化碳的排放不再增长达到峰值,之后逐步回落。

　　如图9所示,我们到2030年碳达峰,慢慢减排;到2060年碳中和。不是说我们一天就能做到的。下面我来讲三个问题:① 我们还用不用化石能源? ② 我们怎么用可再生能源? ③ 未来到底怎么使用大家都感兴趣的氢能?

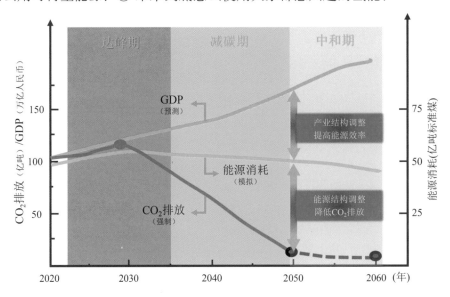

◎ 图9　产业结构调整和能源结构变革是必由之路

一、化石资源优化利用

对我们中国来说，现在85％以上的能源都是化石能源，可再生能源大概占到15％。图10是我国煤、石油、天然气、可再生能源的消费情况。也就是说，到了我们碳达峰的2030年，我们的化石能源使用比例还会占有很大的比例，70％左右。即使到了我们未来要准备碳中和的时候，我们还是要用化石能源的。

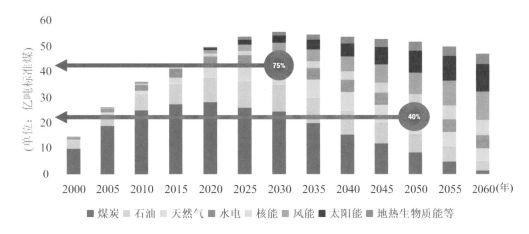

◎ 图10　中国能源消费结构现状及预测（数据来源：信息产业电子第十一设计研究院科技工程股份有限公司）

煤是怎么来的？是树木在地下埋了很长时间后慢慢形成的。树是什么？树里面都是有纤维的。它里面有芳烃，有时候含有各式各样的烃类。学化学的人都知道煤中含有芳烃分子。也就是说，树木经过上亿年的作用以后变成煤。

现在我们人类如何转化利用化石能源呢？非常"野蛮"，因为暂时没有找到其他更好的办法。例如煤转化，我们先是不管三七二十一把煤加上氧，都变成了一氧化碳，一氧化碳和水生成二氧化碳和氢气，一氧化碳再跟氢气反应，得到我们需要的烯烃，一边放出水，一边放出二氧化碳。那么如何优化呢？用绿电或绿氢。借助催化剂，像一把剪刀一样，把需要的分子剪出来，把它"吃光榨尽"。我们现在就有分子炼油，分子炼煤，我估计这是未来的一个研究方向。现在看来，我们中国人短时间内还不能不用煤，但不想产生废水，也不想排放二氧化碳，那可能就需要用分子炼煤的方法来做。但这种方法也有问题，一是要用电，二是要有氢。那么电和氢从哪来？

大家知道乙炔（C_2H_2），现在都是用电石的方法制得的，会排放出大量的二氧化碳，这个量非常大。现在有一种方法：在高温下加热，把煤粉直接气化，气化以后裂解，生成我们需要的炔烃，但温度需要达到多少摄氏度？2000摄氏度或更高的温度。温度怎么达到？现在有一个比较好的方法，就是用等离子体的方法加热（图11）。用等离子体加热，可以一下子把温度提到很高，而且效率也非常高。最近我们中国科大就有一个团队在做这件事，煤粉就用等离子的加热裂解变成乙炔，然后再用催化的方法把它变成乙烯，变成氯乙烯，变成含氧化物（图12）。

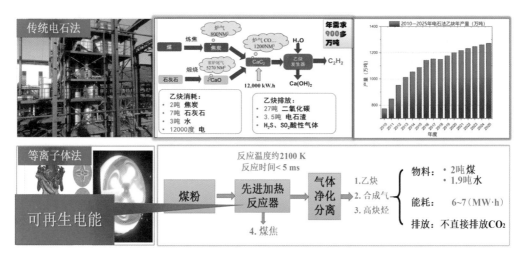

◎ 图11　与可再生能源和氢等深度耦合的煤洁净转化

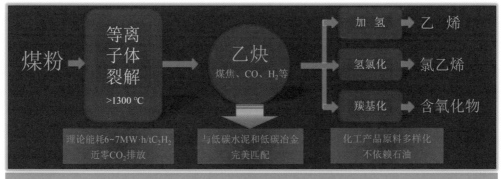

◎ 图12　等离子体强化煤裂解制高值化学品

所以这条路假如能走通，有了绿电，用等离子体加热，如果把技术问题解决了，煤转化过程中就不排二氧化碳了，也就用不到大量的水了。我认为不管是用等离子体也好，还是用其他的方法也好，未来在分子层次上炼煤，肯定是非常需要的。希望同学们有人在未来有志去研究如何优化使用化石能源。

二、可再生能源规模化利用

什么是绿电？绿电从哪来？绿电就是可再生能源产生的电，它不排放二氧化碳。到2060年的时候大家基本上有一个共识：电里面可能80%或者更多地来自于可再生能源。可再生能源里面，有一半可能是太阳能直接发的电，还有一半可能是风能和其他能源发的电。

太阳能为什么能发电？原子有一个核，核周边有电子在运动，大量的原子变成固体以后，它就有能带了。有电子的叫价带，没有电子的叫导带，价带跟导带之间有个能量差。如果能量差非常小，甚至基本上没有的时候，就是导体；如果稍微有一点点大，就是半导体；如果能量差很大，就是绝缘体。如果能量差不是非常大，光将电子从价带激发到上面的导带上，让它运动起来，它最后还要回到价带上面来。因此我们在外面接根电线，等电子从外面走到这下面来的时候，它就发电了（图13）。

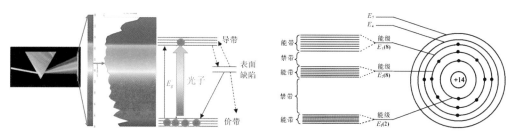

◎ 图13　太阳能电池发电原理

其中最大的一个问题是什么？就是怎么把电子激发到上面去。太阳能光谱，一束白光进来，用分光镜一分，赤橙黄绿青蓝紫。紫外光能量最高，红的能量就低。所以光一照有能量，电子就上去了，上去以后它经过外电器一循环，就发电了。太阳能发电的原理基本上就是这样的。硅的价带和导带的能量差大概是1.2电子伏特，有些材料这个值高一点，有些材料这个值低一点。不同能量的光有时光能够激发这个电子，有时光能够激发那个电子，就不一样了，红光、绿光都不一样。太阳能电池发展历程和未来的发展方向如图14所示。

◎ 图14　太阳能电池发展历程和未来的发展方向（资料来源：*Nature*，2012）

硅基叠层电池技术科学基础和优势

第一代、第二代、第三代太阳能电池以及第四代或者未来到底是怎样的？前面给大家埋下了一个伏笔，光的能量是从紫外到红外都有的，但半导体的能量差对每个材料来讲是固定的。不同材料的能隙是不一样的，能量低的光不能激发大能量差的电子，因此人们就希望未来用具有不同能隙的半导体材料把不同的光都用起来。现在硅晶电子的太阳能的转换效率是多少？25％左右（图15）。

十年前人们开始研究钙钛矿，它是一种化学的东西，它的能量转化率能已达到23％、26％，未来可能还会更高。它吸收的光的能量与硅是不一样的，能隙大概在1.7电子伏特，要高一点的光能才能激发电子。大家可能会想：有没有可能把这两个叠合在一起，把不同的光都用起来。单结的光谱能量利用率如图16所示。

如图17所示，大家可以看到太阳能的光谱。硅晶的电池实际上就是吸收了这个区域的太阳能。钙钛矿吸收了另一个区域的太阳能，那么有没有可能叠加呢？

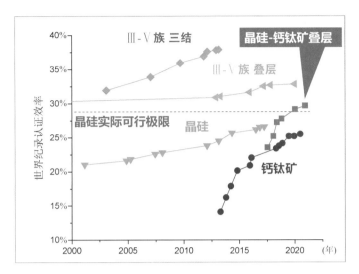

◎ 图15 硅晶电子的太阳能转换效率(资料来源:国家可再生能源实验室)

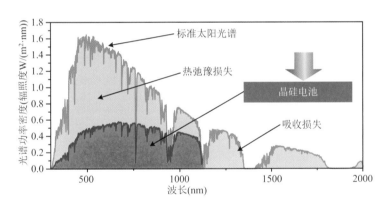

◎ 图16 单结的光谱能量利用率

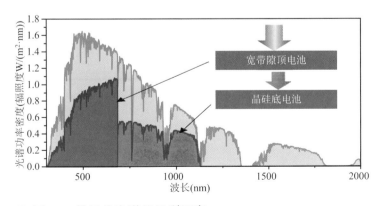

◎ 图17 叠层的光谱能量利用率

如果叠加起来后，两个能量区域的太阳能都能被利用，那么它的能量效率就高了，发的电就多了。假如人们能做到这样的话，那么未来太阳能就有可能被利用到30%甚至50%。未来的一个发展趋势，就是在硅电池上面叠上不同光电材料，就能把大多数太阳光能都用上。现在的效率是25%，估计未来可能会达到40%甚至更高。这样说来，这项研究就非常重要，人们也一定会去关心。

　　太阳能和其他可再生能源都有个很大的特点，就是间断性、不连续性，有的时候有，有的时候没有。比如太阳能，白天有，晚上没有，所以人们一定要把白天发的电储存起来，晚上才能使用电灯等。所以储能，特别是储电，就变成了一件非常重要的事情。迄今为止，人类大规模的储电都是怎么做的？抽水储能。很简单，有电的时候把低水位的水抽到高水位来，没电的时候再把高水位的水放下来，利用势能通过发电机用放下来的水发电。那它的效率能达到多少？最多也就80%。1度电经过这样抽了放，最后可能利用0.7度电，其他的损失掉了。这就是我们现在用的方法。

　　电池是什么？将电子作为介质储存起来。等需要的时候，再把它放出来，这就是充电和放电的过程。充电的时候，将离子复合电子，变成一个一个单质，要放电的时候，单质失去电子形成离子，电子从外电路经过，就产生了电流。大家可以看到，从原理上来说，抽水储能从整个能量循环来说，跟电储能实际上是一样的道理（图18）。它们的区别就是使用的介质是不一样的：一个是水，它是势能；一个是电子，它是电能。

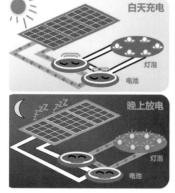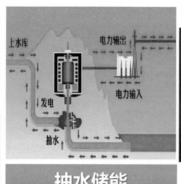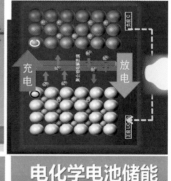

◎ 图18　太阳能发电必须与储能系统配套

抽水储能是现今应用得最广的储能形式，95％左右的储能方式是抽水储能。

我们用各式各样的电池来储能，如锂电池、钠电池、液流电池，但是每种电池使用的地方以及性能都不一样。有些电池容量很大，有些电池就很小，有些用的时间很长，有些功率很大。它们使用的地方不同，方法也不同。

抽水储能是一种广泛应用于电力系统的大容量储能技术。西部发的电可以通过抽水储存，然后送到要用的地方。电力输送有几种不同的方式。一种方法是用超高压送电。为什么要通过超高压送电？学过物理的人应该知道，输电用的电线是有电阻的，有了电阻以后，一遇到电流就会发热，就消耗了能量。发热是跟电流相关的，整个功率是电流和电压的乘积。在功率相同的情况之下，电压越高，需要的电流就越小，电流越来越小以后，它释放出来的热量也就越来越小，消耗就越小。另一种方法是将电通过分解水变成氢气。电解水变成氢气以后，可以直接把氢气从西部送到东部，也可以把氢气变成合成氨，或是用二氧化碳跟氢结合，制备甲醇，将甲醇和氨运到需要的地方，燃烧甲醇和氨获得能量。但是我们现在面临的问题是什么？经济上是不是划得来？把合成的甲醇运过来，或者合成氨运过来，成本高不高？这里面有几个非常重要的问题：① 要有高效率的发电；② 要储能；③ 要把它变成氢。只有把这几个问题解决以后，才能讲送电、送氢、送甲醇、送氨。因此，关键环节就是发电、储能、制氢。下面来讲氢。

三、氢能和氢能的应用

为什么氢变得越来越重要了？氢和氧结合生成水，同时释放出能量。氢和氧结合生成的水是清洁的，不会污染环境。但问题是自然界没有氢，没有一个氢矿能够被开采出氢来（最近报道有地方发现氢矿，直接开采出的氢被称作"白氢"）。因此，人们要想办法得到氢。氢是前提，只有有了氢以后，人们才有可能用氢来驱动燃料电池。氢和氧结合生成水以后，它就能释放能量，有了能量就能推动车辆运行。未来为什么选择氢？一方面效率高，另一方面无污染，而且通过电解水制氢直接与可再生能源连在了一起。

因此，人们一直在关注氢。我们当今时代的能源体系是什么样的？是化石能源发电后到用户，化石能源变成液体燃料后到用户。那么未来世界的能源体系将会是什么样的？核能、可再生能源发电，这是肯定的。接下来，未来代替液体燃料的有可能是氢。为什么氢会是一个选项呢？除了我前面讲的氢的这些优势外，它还有一个非常大的优势，就是氢是从水中提取来的，水在地球上是无处不在的。不管是海水还是淡水，用电就可以把水变成氢气。也就是说，有了可再生能源，氢气就源源不断了。但是，所有实现这些的前提是要有可再生能源（图19）。氢是二次能源，一定要通过可再生的一次能源转换而来。

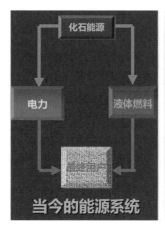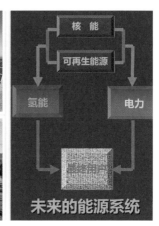

◎ 图19　氢能与未来能源系统的耦合

现在的关键问题是怎么制造氢气，这成为我们氢能社会里的一个很重要的问题。大家都知道氢跟氧结合生成水。在反应的过程中能释放出约290千焦的能量，那么反过来讲，如果要从水中解离出氢和氧，就一定要外加能量，而且因为过程的效率不可能达100％，这样加的能量要比它释放出来的能量还要高。这个能量从哪来？可以通过光催化分解水，但它的问题是什么？是效率太低了。我们讲发电的效率是25％，光催化的效率基本上小于2％。当然还可以通过水的热裂解，但是裂解温度要达到3000摄氏度以上，而且效率也不是很高。如果要花很多能量去加热它，那么成本就太高，这条路也走不通。现在比较好的一种方法是电催化，用电把能量加上去，水分解以后就变成氢，现在水电解的电能效率可以达到80％以上（图20）。

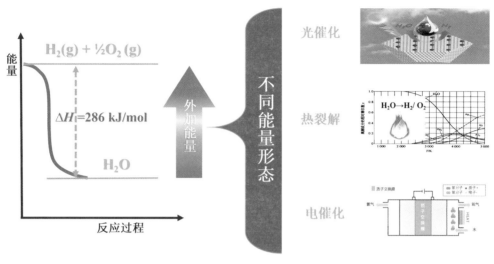

◎ 图20 将水高效变成氢气的方式

因此,现在大家都在研究电解水,但是在现在的电价下电解水的经济成本较高,价格不划算。1千克氢的成本是30~50元人民币,1千克的氢是多少呢? 11.2 立方米的氢是1千克,成本为30~50元人民币,相对来说太贵了,没办法去推广。如果想把成本降下来,有两种可行的方法:一种方法是提高电解器的使用效率,降低它的消耗;另一种方法也是最有效方法就是降低电价(图21)。

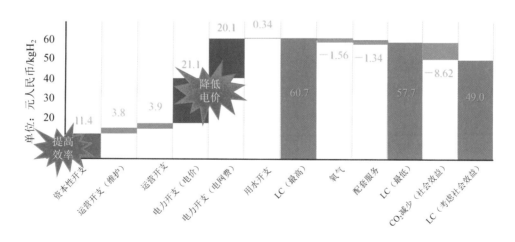

◎ 图21 电解水(市电)制氢技术的成本分析

如何提高电解器的效率？现在电解水基本上有三种方法：① 碱性电解；② 质子膜电解；③ 固体氧化物电解。这三种方法各有优势（图22）。现在用的碱性电解槽的效率也很高。1立方米氢需要4~5度电，大家算一算，11立方米氢需要50度电左右。如果电的价格是0.5元每度，那么50度电就是25元人民币，还要加设备折旧和人力等其他成本。

电解器	碱性电解器	质子交换膜电解器	固体氧化物电解器
工作原理	AEC $4H_2O$ $4OH^-$ $2H_2$ O_2+2H_2O $<100°C$ $4e^-$	PEMEC $2H_2+$ $4H_2O$ $4H_3O^+$ $6H_2O$ O_2 $<150°C$ $4e^-$	SOEC $2H_2O$ $2O^{2-}$ $2H_2$ O_2 $600-800°C$ $4e^-$
电极反应	阴极: $4H_2O+4e^-→4OH^-+2H_2$ 阳极: $4OH^-→2H_2O+4e^-+O_2$	阴极: $4H^++4e^-→2H_2$ 阳极: $2H_2O→4H^++4e^-+O_2$	阴极: $2H_2O+4e^-→2O^{2-}+2H_2$ 阳极: $2O^{2-}→O_2+4e^-$
电解质	30% KOH/石棉膜	聚合物膜	固体氧化物
电流密度 (A/cm²)	0.3~0.4	1.0~2.0	1.0~5.0
电解效率 (%)	60~75（4.5~5.5 kW·h/Nm³）	70~90（3.7~4.5 kW·h/Nm³）	85~100（2.6~3.6 kW·h/Nm³）
工作温度 (°C)	70~90	70~80	600~1000
技术成熟度	商业化广泛应用	商业化部分应用	样机示范运行
机遇和挑战	效率低、碱液污染	需要贵金属，投资高	电极材料稳定性差

◎ 图22　几种水电解器工作原理及技术比较

固体氧化物电解，现在人们能做到1立方米氢消耗不多于4度电。如果不计水加热的能量，大概可以做到3.2度电，所以就效率来说它是最高的。如果计了加热，大概是3.6度电，可以做到1立方米氢出来。因此，这个方向可能是未来研究的一个非常重要的方向。

从图23可以看到固体氧化物电解的效率是最高的，碱性电解的效率相对低一些。现在科研人员正在攻关做的就是碱性离子膜。碱性膜和固体就是未来的研究方向。假如把太阳能发电的技术进步算上的话，未来电的价格是0.2元每度，1千克氢大概可以做到17元人民币，前面可是30~50元啊！如果电价能进一步降低，1千克氢能够降到15元人民币，甚至能降到12元人民币以下的话，那么整个氢能的运行就能够做起来（图24）。现在氢的价格的确有点高。

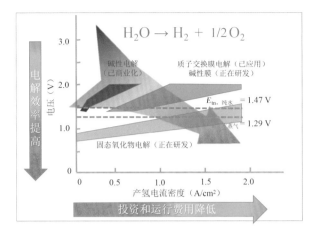

◎ 图23　电解水制氢技术比较和未来(资料来源:*Science*,2020)

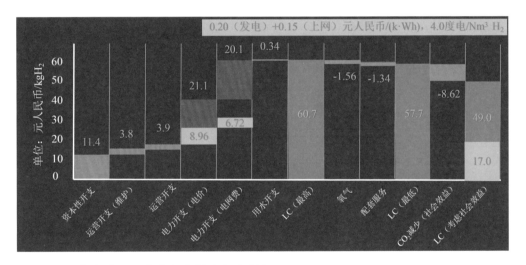

◎ 图24　廉价的可再生电能高效电解水制氢

有了氢以后怎么用？我简单做了一个统计,氢可以用来发电,可以用在交通、化工、合成氨、炼钢等领域(图25)。

我来举两个例子:一个是大家熟知的燃料电池汽车,一个是用氢炼钢。

现在我们家里用的汽油车、柴油车、电动车,未来是不是可以用燃料电池汽车代替？电动车关键是要储能电池,所以现在很多人在做高效能电池。燃料电池车要求价格便宜、效率高、安全可靠等。

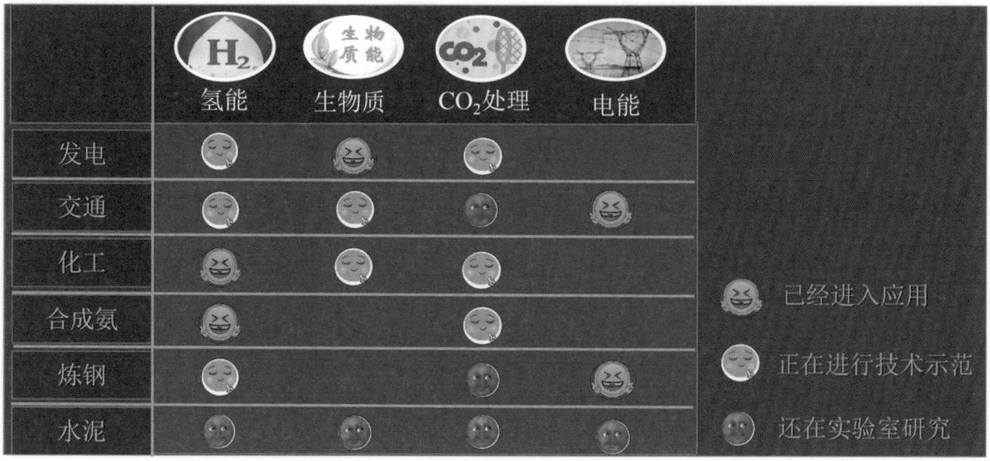

	氢能	生物质	CO$_2$处理	电能
发电				
交通				
化工				
合成氨				
炼钢				
水泥				

已经进入应用
正在进行技术示范
还在实验室研究

◎ 图25　低碳技术以及氢能在重点行业/领域中的应用

　　燃料电池基本上现在还是要用贵金属做催化剂的。为什么要用贵金属？因为电解板上氢气跟氧气要反应。氢气和氧气简单混在一起，是不反应的。让它们反应的催化剂是什么呢？现在最好的还是贵金属催化剂。制作一个燃料电池要用很多贵金属，因此，未来的研究方向可能是不用贵金属做燃料电池，或者少用贵金属做燃料电池。

　　我国在这方面的研究也做了很多，这次在张家口冬奥会上也有燃料电池。现在1千克氢还要花费三四十元，未来如果1千克氢能够降到25元左右，那么燃料电池车的运行在经济上就基本可行了，接下来的问题就是燃料电池本身的技术进步了。

　　第二个例子很重要——炼钢。现在炼1吨钢要放多少二氧化碳？一般来说，要放1.7～1.9吨二氧化碳。为什么呢？因为要用碳去还原氧化铁，变成金属铁，这就会释放出二氧化碳，这是一个还原过程（图26）。

　　那有没有其他的方法呢？如果能用氢还原，那么就不会放出二氧化碳了吗？所以人们现在探索如何用氢去炼钢。如果要用氢炼钢，它的高炉可能就要跟现在的不一样。氢能的未来和碳中和目标如图27所示。

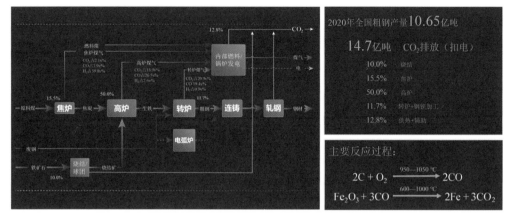

◎ 图26　高炉-转炉炼钢流程和碳排放（资料来源：国家统计局，鞍钢集团.《辽宁省重点钢铁企业碳排放与配额分配分析》）

◎ 图27　氢能的未来和碳中和目标

　　对氢来讲，它可以通过燃料电池、燃烧、发电释放能量，最终变成水，水又会变成氢。但关键问题是用什么把水变成氢。如果是用煤、油、气这些化石能源变的，那么我们就把它叫做灰氢。如果未来用可再生能源变成氢，那么我们就把它叫做绿氢。假如未来能够实现可再生能源把水变成氢，并能高效运行的话，那么我们就能实现氢能社会的目标。我套用一句广告词，自然界中本身是没有氢能的，氢能实际上就是可再生能源的搬运工。所以没有可再生能源，氢能就免谈。如果人家说在搞氢能，那么你只要问一个问题，一次能源从哪来？没有一次能源，氢能肯定是搞不出来的。

二氧化碳排放可以通过可再生发电来降低，也可以通过氢来降低。未来我们可以用一些技术来吸收二氧化碳，这就是大家一直说的CCS和CCUS。

我总结一下，碳中和、碳达峰有几个方面：化石能源是基础，现在肯定是不可能完全不用的。可再生能源是根本，氢能技术是关键，这些负碳技术是未来（图28）。

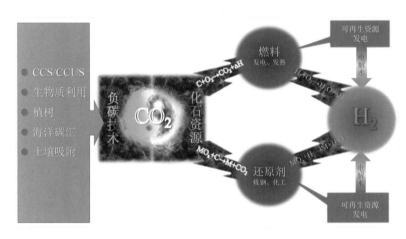

◎ 图28 "碳中和"和"能源革命"的必然途径

碳中和、碳达峰最好的途径是什么？我认为减碳最好的途径是节能。

为什么节能很重要？大家知道，假如地下有100吨煤，它能采多少呢？现在的技术一般只能采50%，还有50%要留在地下，它采不上来。那么发电效率是多少？最高的效率也就50%。就是说，有一半要变成余热排放掉了。现在为什么要把白炽灯改成节能灯呢？节能灯的使用效率是白炽灯的四五倍，也就是说，同样亮度情况之下，它可能要节约80%的能源。大家可以看到，真正到你手里用的能源，只是原来煤的百分之十几，电变成光，消耗还很大，因为它发热了。所以平时随手关灯，或者少用电，这是最佳的节能方法。今天，我也给大家提一个要求：节能减排从我做起。希望大家在家里节约用电，外出少开车，尽量乘坐公共交通工具出行。通向未来碳达峰、碳中和的创新之路如图29所示。

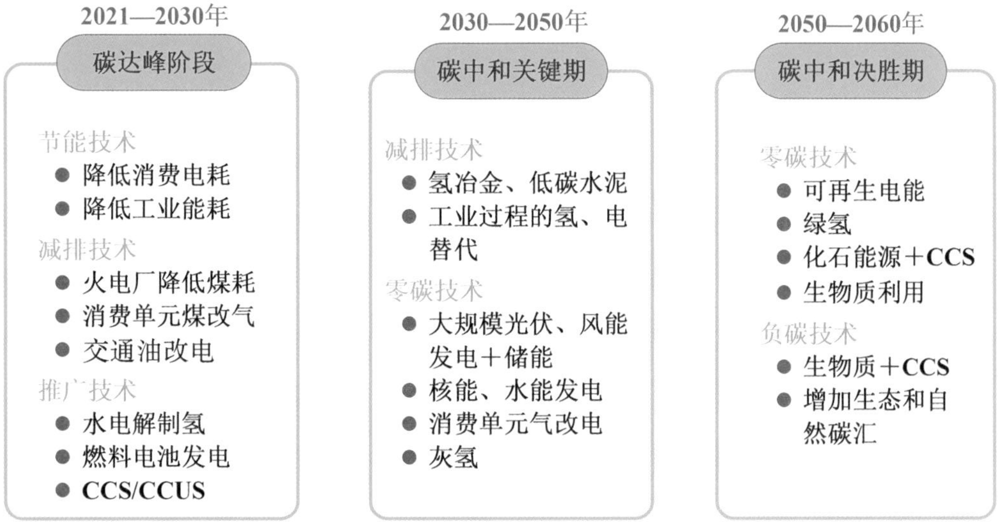

2021—2030年

碳达峰阶段

节能技术
- 降低消费电耗
- 降低工业能耗

减排技术
- 火电厂降低煤耗
- 消费单元煤改气
- 交通油改电

推广技术
- 水电解制氢
- 燃料电池发电
- CCS/CCUS

2030—2050年

碳中和关键期

减排技术
- 氢冶金、低碳水泥
- 工业过程的氢、电替代

零碳技术
- 大规模光伏、风能发电+储能
- 核能、水能发电
- 消费单元气改电
- 灰氢

2050—2060年

碳中和决胜期

零碳技术
- 可再生电能
- 绿氢
- 化石能源+CCS
- 生物质利用

负碳技术
- 生物质+CCS
- 增加生态和自然碳汇

◎ 图29　通向未来碳达峰、碳中和的创新之路

最后，我再次感谢大家来听我的报告，请大家批评指正！祝愿大家在科技活动周学有所获、学有所思、学有所用，谢谢大家！

（于秀梅　整理　谈世鑫　审校）

2

神奇的超导及其应用

报告人介绍

陈仙辉

1963年3月生于湖南湘潭。1992年毕业于中国科学技术大学物理系，获理学博士学位，现为中国科学技术大学教授，中国科学院院士，发展中国家科学院院士。曾先后作为洪堡学者和访问学者在德国卡尔斯鲁厄研究中心和斯图加特马普固体物理研究所、日本高等研究院（北陆）、美国休斯敦大学德克萨斯超导研究中心以及新加坡国立大学访问工作。

陈仙辉长期从事超导和量子材料的探索及其物理研究，迄今已在 *Nature*（8篇）、*Science*（2篇）、*Nature* 子刊（25篇）、*Physical Review Letters*（42篇）和 *Physical Review X*（8篇）等刊物发表 SCI 论文 450 余篇。2008 年获教育部和李嘉诚基金会"长江学者成就奖"，2009 年获香港求是科技基金会"求是杰出科技成就集体奖"，2013 年获国家自然科学一等奖，2015 年获国际超导材料最高奖 Bernd T. Matthias 奖，2017 年获首届全国创新争先奖章，2017 年获何梁何利基金科学与技术进步奖，2019 年获发展中国家科学院（TWAS）物质科学奖等。

报告摘要

　　"超导"是20世纪最伟大的科学发现之一，是首个被观察到的宏观量子现象。超导电性是指某些材料在降到某一特定温度之下时，电阻为零并具有完全抗磁性的宏观量子态。超导体在科学研究、信息通信、生物医学、电力交通等众多领域有重大的应用前景，受到广泛关注。在这里我们将首先简单介绍传统超导的理论和特性、超导研究发展的历程，尤其是非常规超导体的发展和现状。然后，我们将介绍超导体作为一种量子材料广泛应用的物理基础以及在弱电和强电方面多个领域中的应用。最后，我们将介绍超导研究面临的挑战和超导应用的展望。

杨金龙

1966年1月生，江苏盐城人，物理化学家，中国科学院院士，中国科学技术大学副校长。1981至1985年在南京师范大学学习，获学士学位。1985至1991年在中国科学技术大学学习，分获硕士、博士学位，毕业后留校任教。曾在 Padova 大学、Cagliari 大学、国际理论物理中心、香港科技大学、东京大学、香港大学和新加坡国立大学等单位工作和访问。1996年起任中国科学技术大学教授。1997年任中国科学院选键化学重点实验室副主任，2004年任合肥微尺度物质科学国家实验室理论与计算科学研究部主任，2009年任化学与材料科学学院执行院长。2017年1月任中国科学技术大学校长助理，2018年4月起任中国科学技术大学副校长，2019年11月当选为中国科学院院士。长期从事理论与计算化学的教学和研究工作。

陈仙辉：室温超导体或是支撑下一代人类文明的材料

人类的文明可以用材料来划分，从石器时代、青铜器时代、铁（钢）器时代，再到如今的硅基时代。下一个能够用来支撑人类进步的材料是什么？陈仙辉认为，可能就是室温超导体。

系列科普报告会上，中国科大陈仙辉院士作《神奇的超导及其应用》报告。

超导是20世纪最伟大的科学发现之一，是首个被观察到的宏观量子现象。超导电性是指某些材料在降到一定温度时，电阻消失为零并具有完全抗磁性的宏观量子态。

陈仙辉介绍了超导体的特性和微观理论、超导研究发展的历程，尤其是非常规超导体的发展和现状，超导体作为一种量子材料广泛应用的物理基础以及在弱电和强电方面众多领域的应用。

同时，陈仙辉指出超导研究面临新的挑战，包括铜氧和铁基高温超导体的非常规微观机理。他认为，"非常规超导电性微观机理的解决，将极大地推动凝聚态物理学的新发展"。

此外，从应用角度来看，陈仙辉认为科学家们还需要探索更适于应用或更高临界温度（甚至室温）的超导体。

"室温超导体的发现是这个领域科学家的梦想。"陈仙辉说，超导体作为能源和信息材料，在科学研究、信息计算和通信、生物医学、电力交通、能源等领域具有广泛的应用，室温超导体被认为将支撑下一代的人类文明。

　　尊敬的包校长和各位老师以及合肥八中的同学，大家上午好，非常高兴有这个机会在2022年科技活动周暨第十八届公众科学日给大家做一个科普报告，我报告的题目是"神奇的超导及其应用"。下面我希望通过我的报告能够让大家意识到超导确实很神奇。我们知道人类的文明阶段是可以用材料来划分的，远古时期是石器，然后是青铜、铁器、钢器，再然后就是当代的硅基时期（图1）。刚才包校长讲了关于能源的问题，其中提到的光伏就是硅基材料。实际上另外一个比较大的应用就是，我们的逻辑芯片都是以硅材料制成的。我们现在用的智能手机、笔记本等很多电子器件里面的芯片都是以硅材料为基础的，所以我也把它称作硅时代。那么，人类发展到后面，下一个能够用来划分或者标志着我们人类进步的材料是什么呢？通过我的报告，我想告诉大家一种可能，就是今天讲的室温超导体。

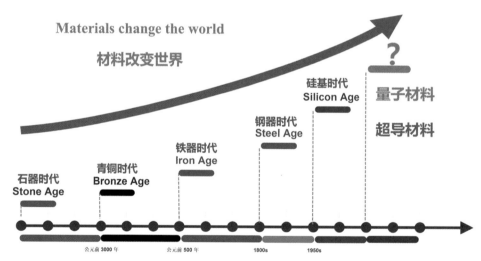

◎ 图1　人类的文明可用材料来划分

一、超导的基本特征

　　下面我先介绍一下超导体的基本特征（图2）。超导体的基本特征有两个，一个是具有零电阻，另一个是具有完全抗磁性。

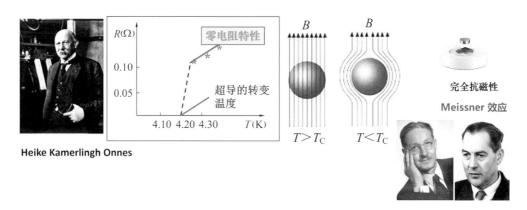

Heike Kamerlingh Onnes

完全抗磁性
Meissner 效应

1933年 W.Hans. Meissner
和 Robert Ochsenfeld

◎ 图2　超导体特征:零电阻和完全抗磁性

　　我们学过焦耳热,知道各种材料都有电阻,电阻通以电流就会产生焦耳热,导致能量损耗。我们的灯,白炽灯也好,日光灯也好,发热都是基于这样一个原因。当然大家也知道,我们的手机、笔记本用了一段时间之后就要充电,原因就是在这里面有电阻,能量以焦耳热的形式损耗掉了。那么,如何来节省这部分能量呢? 现在有一种材料,就是今天讲的超导体可以实现。当这种材料冷却到某一个温度以下时,它的电阻就会突然消失,也就是说它的电阻变为零。如果对于一个超导体,在超导态电阻为零的情况下通以电流,则无论如何都不会产生焦耳损耗。所以从这个角度来讲,对于我们现在的碳中和、碳达峰目标来说,这显然是一个非常好的节能材料。从这个意义来讲,它是一个能源材料。刚才包校长在报告中讲到了"双碳"目标,他认为节能是非常重要的,我完全同意这一点。

　　超导的另外一个特性是完全抗磁性。我们知道,如果把一个材料放在磁场里面,它一定会被磁力线穿透。但是有一种材料,也就是超导体,当它进入超导态以后,再将它放进磁场里面,它就不会被磁力线穿透。如图2所示,当一个材料所处温度高于它的超导转变温度时,把它放在磁场里面,它是可以被磁力线穿透的。但当它进入超导态,即温度低于它的超导转变温度时,放入磁场以后它的内部就没有任何磁力线,因为其内部磁感应强度始终为零。我们把这种效应称作完全抗磁性,也就是Meissner效应。

发现超导体的这个人叫海克·卡末林·昂尼斯（Heike Kamerlingh Onnes），1908年他在实验室里首次将氦液化。氦的液化温度是绝对温度4.2开（K）。由于能达到这个温度了（学过物理的我们都知道，一个金属随着温度降低，它的电阻会越来越小），所以很自然地就会提出一个问题：当温度接近绝对零度的时候，电阻还会存在吗？于是他们就做了个测量金属汞电阻的实验，发现在4.2开下电阻变为零。这就是1911年超导发现的工作，这项工作在1913年就获得了诺贝尔奖。我要强调一下，超导是人类观察到的第一个宏观量子现象。

超导电性的发现是在1911年，大家知道这个时候量子的概念刚刚萌发，同期普朗克才提出量子化的概念，量子力学还在萌芽之中。量子力学的完全建立是在20世纪三四十年代，它是由一大批天才科学家集体完成的，也就是说在量子力学建立之前，量子力学原理的现象已经被昂尼斯发现了。这项工作发现以后，刚好物理界一个重要的系列会议索尔维会议的第一次召开就发生在1911年。在这个会议上，昂尼斯报告了这个结果。图3是当年会议的照片，站立的一排右

◎ 图3　第一次索尔维会议(1911年)

起第三位就是昂尼斯，站在他旁边的是爱因斯坦。在这里面的一位女士是居里夫人。这是第一届索尔维会议。实际上最有名的索尔维会议是第五届，在那一届参加会议的大多数人都是诺贝尔奖获得者。超导的发现是对传统概念的一个重大突破。1911年的时候，刚好处于经典物理学向现代物理学过渡的一个时期，所以超导电性一发现就被人们广泛关注，它对后来的物理学发展起到了极大的推动作用。发现超导现象的时候，人们还无法理解超导的机理。尽管在这样的情况下，1913年就为此颁发了诺贝尔奖。

下面我要向大家演示一个视频，是一个超导体在一个磁体轨道上面运动的演示实验。在这里面白色的是铜氧化物超导体，浸过液氮后上面结着霜，也就是让它处于超导态，下面是一个普通的磁体。你们在看这个视频的时候，可以思考一个问题：这个实验中的现象违背了多少经典物理规律？或者说有多少现象是利用经典物理无法理解的？这个超导体处于超导态，把它放在磁场上面，其任意角度都是平衡的，这个第一点就违背了我们的经典力学。再将它反过来，这个超导体不会掉下来，当然这也违背了经典力学。然后把它放在磁体上面，给它一个外力让它旋转起来，如果是同轴同心旋转的话，当然不会被甩出去。还有大家知道如果从经典的物理考虑的话，偏心旋转之后，这个物体一定会被甩出去，但它并没有被甩出去。之后将它放在一个下面是磁体的轨道上，它除了可以悬浮以外，给它一个外力，它就可以在这个轨道上面沿着轨道运动，并且可以稳定地运动，倾斜一个角度也是如此，而且在任意高度它都能做这样的运动。接着把这个实体轨道反过来，把超导体放在其下面，给超导体一个外力，它也在运动。实际上我们刚才看到的现象基本上都违背了经典物理规律，原因是什么呢？视频里面讲到了一个叫作 quantum looking 的磁效应，它起源于上面讲到的 Meissner 效应，由于切割磁场的磁力线不一样，包罗的磁力线也不一样，它始终可以在任意角度下找到平衡，这是一个神奇的现象。

超导既然这么神奇，那么超导体是不是很稀缺呢？并不是！图4为一张元素周期表，这个元素周期表中有两种颜色，一种是橘黄色，另外一种是粉红色。在正常压力的情况下，这个元素周期表中粉红色的这些元素都是超导体，也就是说超导现象是普遍存在于自然界中的。而这些橘黄色的是在一定压力的情况下可以发生超导的元素，即使是像氧、硫这样的典型的非金属元

素在一定压力下也是超导体。所以说超导普遍存在于自然界中。

◎ 图4　元素周期表

当时昂尼斯观察到的超导转变温度是4.2开，后来人类一直探索，到1986年之前，探索到的最高的超导转变温度（23.2开）发生在 Nb_3Sn 超导体上。也就是说从1911年到1986年这75年的历程，T_c 值提高了20开不到。在1986年的时候，两位瑞士科学家发现了铜氧化物超导体，T_c 值一下子升高到了40开左右，此发现在1987年被授予了诺贝尔奖。

当然，人们要从物理的角度理解超导现象。有个科学家大家应该知道，他叫巴丁（John Bardeen）（图5）。巴丁是唯一一个获得过两次诺贝尔物理学奖的人。当然居里夫人也获得过两次诺贝尔奖，但一次是物理，一次是化学。巴丁在研究超导电性之前，与其他两位科学家一起因发明晶体管于1956年获得了诺贝尔奖。大家知道晶体管的发现奠定了信息技术的基础，如手机芯片。我们现在老讲芯片的尺寸到3纳米或5纳米，意味着在1平方厘米上一个芯片能集成几十亿甚至上百亿个晶体管。

◎ 图5　巴丁

巴丁在1940年的时候尝试解释超导。他认为在一个费米面附近，晶格的极小变化就可以导致能量的降低（产生能隙），从而获得超导态。但在1941年他因第二次世界大战爆发而中断了研究。"二战"结束以后，巴丁再次注意到这个超导问题是在1950年。超导同位素效应的发现让巴丁再次意识到电子和声子（晶格）的相互作用可能是导致超导的原因。他为了得到优先权，就把自己的想法写成了一封信函寄给《物理评论》杂志发表。这也提醒我们，有一个好的发现以后，首先要有知识产权的意识。

巴丁同时一直关注另一位德国的物理学家弗勒里希（Herbert Frohlich）的研究工作，而弗勒里希一直关注电声相互作用，即电子和声子的相互作用。超导体通常是一种固体材料，固体是有晶体结构的，描述固体晶体振动时我们用声子的概念。超导载流的是电子，载流的电子跟晶格是有相互作用的。由此巴丁意识到超导是一个多体的问题。当时巴丁在伊利诺伊大学厄巴纳-香槟分校（UIUC）做教授，UIUC有一个跟他年龄差不多的著名科学家派恩斯（David Pines），这时派恩斯正要离开，他急需要一个懂多体问题的物理学人。据说他联系当时在普林斯顿的杨振宁先生，杨先生就给他推荐了在那里做博士后的库珀（Leon Neil Cooper）（图6）。

◎ 图6 库珀

◎ 图7 施里弗

后来，库珀在1955年来到了UIUC。库珀不负众望，提出了"库珀对"的概念。什么是库珀对呢？就是通过电-声相互作用，两个电子可以形成一个束缚态，结成一个对，我们把它称作库珀对。超导态不是单个电子的行为，而是两个电子束缚在一起形成了一个库珀对。这个时候量子力学已经建立了，所以需要通过薛定谔方程把这个基态波函数写出来，这个重任就交给了年轻的科学家施里弗（John Robert Schrieffer）（图7）。

巴丁不仅仅是一位非常优秀的科学家，还是一个优秀的团队领导人。他知道自己做不了这件事情，就想到找人合作。他首先找了库珀，其次就是他的学生施里弗。施里弗当时是巴丁的学生，在他读博士的时候，巴丁列出10个题目给他做，施里弗选择了超导问题。但是因为太难，施里弗就像我们现在正常的研究生一样跟导师说：我做了这么久都没有结果出来，能否换个题目？巴丁没有同意。这里有一个有意思的故事：1956年底，施里弗去问巴丁这个问题时是巴丁第一次获得诺贝尔奖时，他去领诺贝尔奖之前，学生心想老师都得诺贝尔奖了，肯定一高兴就同意了。但是巴丁不同意施里弗就这样放弃，他力劝施里弗再继续坚持一个月，等他回来再说。还有一个传闻，就是1956年底巴丁去领诺贝尔奖的时候，他为了不影响儿子的学习，就没带他儿子去，他们夫妻俩去的。国王问他："你为什么不带儿子？"巴丁脱口而出："我下次一定带儿子来。"他第二次获诺贝尔奖也就是BCS理论建立的时候。据说1972年领奖的时候，巴丁真的把他儿子带去了。这应该算是一个励志的传闻！这件事也充分表明了巴丁对小组工作接近成功的自信和对超导电性工作重要性的深刻认识。

1957年1月，施里弗在纽约参加多体会议的时候，由于他一直在思考这个问题，因此听了报告以后就产生了灵感，顿悟出了库珀对的超导基态波函数的可能形式。他猜出来以后，再通过严格的推导，就把它定下来了。因此，1957年12月份BCS理论就建立起来了。大家要知道，合作非常重要，听报告也非常重要，作为老师团队，跟别人合作、领导力也非常重要。从这里来看，库珀对是库珀提出来的，波函数是施里弗写出来的，巴丁干了什么呢？巴丁就说"electron follows electron很重要，这肯定是个多体问题"，他就是一个组织者和一个领导者，当然他从1940年一直到1957年也坚持研究了10多年。

刚才我只是讲了一个故事，讲的是这个团队合作的BCS理论是怎么建立的。在这三个人里面，首先形成库珀对有一个超导能隙，电-声相互作用有一个相互作用常数，然后他们的理论严格地推出了超导跟晶格格点原子质量的关系，因为电-声相互作用，晶格振动的强弱取决于质量，所以它是严格的，最终还推出了能隙关系。这个能隙关系不仅仅适合于超导，还适合于当时凝聚态物理相变中能量突变（能隙）跟温度的关系的普适公式。BCS理论是凝聚态物理学领域中一个非常重要的成功的理论。

我们知道，超导体中实际上发生了两个量子效应，一个效应是形成了电子配对（库珀对），另外一个效应是这些配对的电子之间的相位要相干，形成了超流密度。这里给大家看一幅漫画（图8）。这一幅画是华君武先生画的，华君武先生是一位非常著名的漫画家，现在已经过世了。在1992年的时候，超导有一个重要的体系叫碳60（C_{60}）超导体，华君武先生当时跟李政道先生在一起交流，他就问李政道："你们老讲超导，到底是什么意思？"李政道就把这两个量子效应告诉他了。基于这样两个量子效应，华君武先生就画了这幅画，这幅画下面是C_{60}，C_{60}跟我们的足球结构完全一样，有很多未配对的蜜蜂在C_{60}球上面爬，但是能飞的蜜蜂都是配对了的，配对蜜蜂的相位都是相干的，这些配对蜜蜂的翅膀和取向都是完全一样的，以表示相位相干，所以他就自己写下了"政道先生意"。这幅画是华君武先生根据李政道先生谈的超导物理含义而作，形象、生动地表现了超导体中发生的两个量子效应，并附文"双结生翅成超导，单行苦奔遇阻力"。实际上用这幅画做科普解释超导既直观又形象，这是一幅科学家跟艺术家对话的杰出漫画。

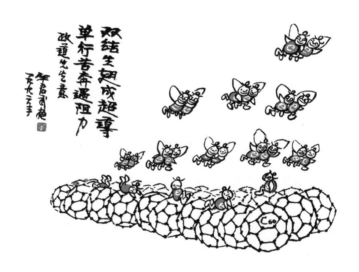

◎ 图8　华君武先生画的一幅漫画

另外，做科学时直觉非常重要。下面是昂尼斯的恐怖的信心和直觉，实际上他在1922年就发表了一篇关于同位素的文章。他测量了铅的超导，发现铅的

同位素不一样，它的超导转变温度（零电阻温度）改变小于或等于0.01开。我们知道1922年的测量标准和测量手段以及温度计的准确性，显然是不如现在的。通常我们现在的老师和学生看到0.01开的差异，可能就会把这个结果直接给忽略掉了，但昂尼斯马上就意识到这是一个同位素效应，在文章里面写出了关于电阻消失的温度的差别（就是电阻为零的温度的差别）来自同位素，同位素超导温度的改变来自格点上原子核的质量的影响。这就是一个科学家的直觉，在那么小的差别里面，他能发现这么重大的物理现象，直到1950年利用同位素效应才真正证明了这一点。1950年实验上对同位素效应的观察，是建立BCS理论的基础。但是在28年之前，昂尼斯就已经在文章里面谈过这个问题。

那么，实验上能不能观察到超导能隙呢？实验上确实能观察到。现在用角分辨光电子能谱（ARPES）技术对Nb这个超导体（它的超导转变温度是9.26开）在两个温度下测量能带结构，即5.3开（即低于9.26开时进入超导态）和12开（即高于9.26开的正常态），可以看到一个能隙（图9），从而证明在进入超导态后确实有能隙，验证了理论上的东西。

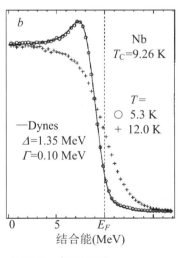

◎ 图9　超导能隙

通过前面所讲，按理来说超导的两个特征我们已经知道了，BCS理论也建立起来了，对超导的研究是不是就该结束了？并不是这样。因为超导有着广泛的应用，它具有零电阻，但当时的温度不能高于23.2开，导致无法广泛应用。

所以从应用的角度，超导界的科学家们一直在工作，直到1986年的时候发生了一个根本性的变化。我们把BCS理论能够解释的超导称作常规超导，BCS理论不能解释的超导称作非常规超导。而BCS理论是以电子和声子相互作用配对的机制，它有一个麦克米兰极限，即超导转变温度是不能高于40开的，这是一种认识，即非常规超导和常规超导的区别就是能不能用BCS理论解释。还有另外一种认识是著名超导材料学家马蒂亚斯（Bernd T. Matthias）提出的，马蒂亚斯认为对于传统超导体，只要对称性高就对超导有利，态密度大也对超导有利，还提出了三个警告，即远离氧化物、远离磁性、远离绝缘体，这被称作马蒂亚斯规则。而恰恰是突破这三个警告就出现了非常规超导体。这告诉我们年轻同学要勇于突破传统和打破常规。

如图10所示，虚线上面的都是常规超导体，虚线下面的都是非常规超导体。第一个非常规超导体是1979年德国科学家斯特格利希（Frank Steglich）发现的重费米子超导体，但这个超导体的超导温度很低。在1986年之后，涌现了大量的铜氧化物超导体，这标志着非常规超导体时代的开端（图11）。贝德诺兹（J. Georg Bednorz）和缪勒（K. Alexander Müller）两位科学家在1986年发现了40开的镧钡铜氧超导体，随后以休斯顿大学的华裔科学家朱经武先生和我国赵忠贤先生为代表的中国科学家发现了超导临界温度为90开的钇钡铜氧超导体。我

Hg	first superconductor ever discovered	4.1 K
Nb	highest T_c amongst the elements	9.3 K
NbTi	used in superconducting magnets up to ~ 9 T	10 K
Nb_3Sn	used in superconducting magnets up to ~ 20 T	24.5 K
MgB_2	highest T_c amongst "conventional" superconductors	39 K
$CeCu_2Si_2$	first of the heavy-fermion superconductors	~0.8 K
$La_{2-x}Ba_xCuO_4$	first of the cuprate superconductors	~35K
$YBa_2Cu_3O_{7-\delta}$	cuprate superconductor with T_c above liquid nitrogen temperatures	92 K
$HgBa_2Ca_2Cu_3O_{8+\delta}$	highest T_c superconductor to date	164 K
Sr_2RuO_4	p-wave superconductor	1.5 K
UGe_2	first ferromagnetic superconductor	0.3 K

图10 常规超导体和非常规超导体

们前面讲过，在1986年之前超导转变温度经过75年的探索只增加了20开不到，而铜氧化物高温超导体发现后一年之内从原来的23.2开提升到40多开，再到90多开，甚至在压力下最高可以达到160开。贝德诺兹和缪勒两位科学家因1986年发现了40开的镧钡铜氧高温超导体，1987年即被授予了诺贝尔奖，这是史上最快获诺贝尔奖的工作之一。

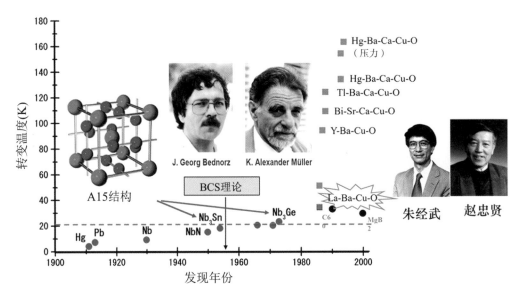

◎ 图11　非常规超导体时代的开始

　　大家知道Rock&Roll就是摇滚乐的意思。在20世纪由于年轻人大多很迷茫，比较热衷于音乐、摇滚乐等等，所以在纽约有一个节日叫作Woodstock Festival of Rock&Roll。在这批人里面有一个代表人物叫Bob Dylan，大家听说过没有？Bob Dylan曾经获得过诺贝尔文学奖，他是一位摇滚乐歌手和词作者。当年的年轻人经常在当时的纽约Woodstock广场里狂欢。美国物理学会每年三月份会召开凝聚态物理大会，即March Meeting，巧合的是，1987年该会议就在纽约召开，我们把这一次会议称作Woodstock物理节（图12）。当时铜氧化物高温超导体的发现，激起了凝聚态物理学领域疯狂的热情，即使在我们科大（那时候我有幸在这里读研究生），都是通宵达旦地工作，有些理论物理学家甚至都想买个炉子抱着去制备超导体。March Meeting一般是1万人左右的会议，而那时候从来没准备过一个大到可以容纳1万人的会议厅，最大的会议厅也只可以容纳2000多人，当时所有的人都想挤进去，挤不进去的就在过道里面听，所以那是一个物理学的盛会。

◎ 图12　Woodstock 物理节

　　超导材料从结构上看有很多类（图13），就像原来的23.2开的Nb_3Sn为代表的，它的结构为A15结构，而铜氧化物超导体是以钙钛矿为基本结构单元，有机超导体也是层状结构，铁基也是这样，其晶体结构都有一个特征结构单元（FeSe或FeAs），所以材料的结构跟物理是密切联系的。

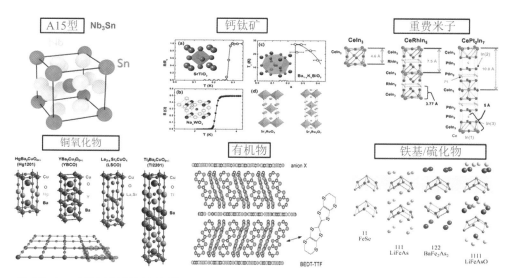

◎ 图13　超导材料的结构基因

在这么多年对超导结构进行研究的基础上，实际上我们在探索新的超导体时可以人工设计结构。我们课题组现在正在花费很大的精力，想通过自己对结构的理解来设计超导体并探索超导转变温度高于现在常压下的132开这样一个目标。我个人认为这是可能的，实际上我们现在已经合成出很多这种人工结构的超导体。另外一个就是在铜氧化物超导体的结构单元里面，一个单层的结构单元就能实现高温超导（图14）。这对于我们理解超导物理很重要，而且完全适合于器件应用。

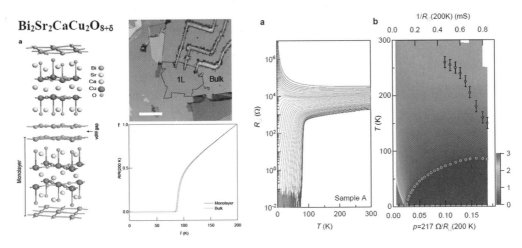

◎ 图14　单层Bi2212超导体

我们当然希望超导的最高温度是室温，因为如果是4.2开的话我们要用液氦，如果是90开的话我们还要用液氮，成本就会比较高。假设在室温的情况下能实现高温超导，这对我们人类的改变是完全不一样的。到目前为止，在高压下的高温超导体，德国马普研究所的科学家发现在H_3S里面可以达到200开，乔治华盛顿大学的科学家发现在LaH_{10}里面可以达到260开，这已经很接近室温了（室温是300开，如果零摄氏度的话就是273.15开），这些结果表明室温超导是可能的（图15）。

超导的机理方面，我们刚才讲到，常规超导体可用BCS理论解释，其中要描述电子波函数的对称性，对于常规超导体它是一个s波，即s电子的特征对称性，但对于铜氧化物超导体，它的超导温度现在小于160开，它的对称性是一个

d波，是一个d电子轨道的对称性。

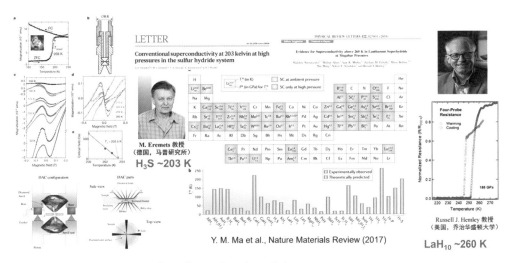

○ 图15　高压下的高温超导体（近室温超导体）

　　基于对基础物理的重要性，超导领域已经有5次10个人（图16）获得了诺贝尔奖，同时仍然有很多重要的物理问题没有解决。昂尼斯因发现超导电性而于1913年获得诺贝尔奖，巴丁、库珀和施里弗因建立BCS理论而于1972年获得诺贝尔奖，贝德诺兹和缪勒因发现非常规高温铜氧化物超导体而于1987年获得诺贝尔奖，另外两个获诺贝尔奖的工作奠定了超导的应用。

Onnes 1913
超导之父

Bardeen　Cooper　Schrieffer 1972
BCS 理论

Josephson 和 Giaever 1973
超导隧道效应

Bednorz 和 Muller 1987
非常规高温铜氧化物超导体

Abrikosov 和 Ginzburg 2003
第Ⅱ类超导体

○ 图16　在超导方面有5次10个人获得过诺贝尔奖

二、超导的应用

这两个获诺贝尔奖的工作一个是约瑟夫森（Brian David Josephson）在理论上预言了超导隧道效应，揭示了超导的机制，体现了量子的特征，奠定了超导电子学应用的物理基础。刚才讲过超导是一个能源材料，因为电阻为零，没有焦耳损耗；但是超导也是一个信息材料，因为它在电子学方面有很多应用。另外一个是由阿布里科索夫(Alexei A. Abrikosov)和金兹堡（Vitaly L. Ginzburg）完成的，他们的Ginzburg-Landau唯象理论为第Ⅱ类超导体的强电应用奠定了基础。现在高压输电不仅影响城市的美观，在输电过程中损耗还巨大。如果改用超导体，因为电阻为零，所以理论上在电的输送过程中是没有损耗的，这是强电应用的基础。

约瑟夫森隧穿效应是指在两个超导体中间放一个绝缘体，形成一个约瑟夫森结，然后就会有电子隧穿现象出现。约瑟夫森当时得到这个结论的时候，受

◎ 图17 安德森

到了超导微观理论创始人巴丁的强烈反对。虽然当时约瑟夫森是剑桥大学的一个研究生，只有22岁，但他始终坚持自己的观点。在1963年，安德森（Philip Warren Anderson）（图17）和另外一位科学家罗厄尔（J. H. Rowell）在贝尔实验室证实了约瑟夫森隧穿效应。安德森是凝聚态物理学领域重量级的科学家，他在纪念约瑟夫森效应的一篇文章中写道："在8年前22岁的学生向他的教授展示了关于量子隧穿的一些计算结果，这些发展发生在卡文迪许特有的深思熟虑和富有激发性的氛围中，并不是巧合。"但具体的成就是约瑟夫森自己的，这个22岁的年轻人构思了这一切，并成功地完成了这一切。所以有的时候有想法和创新思维非常重要，跟年龄无关，当然像卡文迪许实验室那样的氛围也很重要。而他（安德森）讲的教授就是他自己。约瑟夫森开始做这项工作就是源于听了安德森的一次报告，实际上当时署名的时候也征求过安德森的意见，安德森认为这就是约瑟夫森自己做出来的，应该仅署他自己的名字，这也被传为佳话。

超导的应用有三个重要的临界参数：第一个是超导转变温度，因为进入超

导态必须要低于这个温度；第二个是临界磁场，就是进入超导态以后，磁场是可以破坏超导的，在磁场里能够仍然保持超导态的最高磁场就是临界磁场；第三个是临界电流，前面讲过，超导体处在超导态的时候电阻为零，通以电流时没有焦耳损耗，但是当电流超过某一个

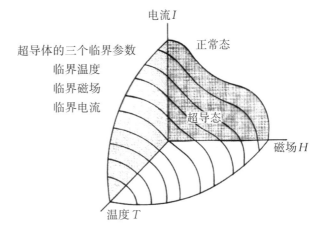

超导体的三个临界参数
临界温度
临界磁场
临界电流

◎ 图18　超导态的临界面

值时，也会破坏超导，这个电流就称作临界电流。如图18所示。

　　下面介绍超导的应用（图19）。实际上，超导的应用非常广泛，比如现在我们看到的核磁共振成像仪、可控核聚变的磁约束、大型强子对撞机上的超导磁体以及超导量子比特、超导电缆、超导量子计算机、超导磁悬浮列车，等等。

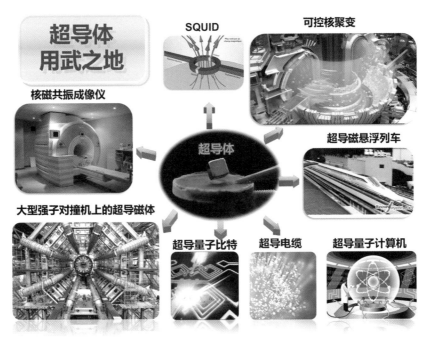

◎ 图19　超导的应用

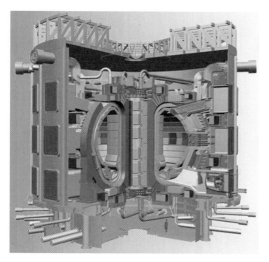

◎ 图20　磁约束受控核聚变示意图

首先具体讲一下强电应用。强电应用跟能源有关。第一，在节能方面，超导材料是可以做出巨大贡献的，特别是对于我们"双碳"目标。超导技术是电力工业的一个革命性的技术储备，是磁约束受控核聚变（图20）不可替代的强磁体的材料。中国已经参加国际热核聚变实验堆（ITER）计划，西部超导公司将保障部分超导线的供应。第二，在交通方面，超导是新一代舰船推动系统的基础，如果把超导应用于磁悬浮列车也是很有优势的。刚才我们看了演示实验，如果是一个超导体轨道，那么从理论上讲超导磁悬浮列车是绝对安全的。第三，在生物医学方面，多数医用核磁共振成像设备和高分辨率的NMR用的强场磁体也是超导体。

　　现在讲一下在医学方面的成像，图21是上海联影科技有限公司的成果。我们很多人都去医院做过核磁共振成像，一般的核磁磁体原来是1.5特斯拉（T），现在主要是3特斯拉，而联影他们做到了7特斯拉。随着磁场增加，可以实现高信噪比和高分辨率。在1.5特斯拉下来看人脑的话，和7特斯拉相比，分辨率完全不一样。关于核磁共振成像技术，现在我们国家在做14特斯拉的研究，中国科学院的一个战略性先导B类专项在做这件事，很多单位联合攻关，具体是深圳的先进技术研究院承担。现在还要做14特斯拉核磁共振成像的原因是在14特斯拉下高分辨率结构图像分辨率可以达到50微米的尺度，与神经元尺寸相当，也就是说我们不仅仅可以看到神经元，高清晰的功能与代谢的成像也都可以看到。世界上现在核磁共振成像最高的磁体是10.5特斯拉，是美国明尼苏达大学做的。图22表示的是核磁共振成像随磁场增加适用的研究和分辨率，从0.2特斯拉到1.5特斯拉开始用于临床，3.0特斯拉可用于临床诊断、脑部扫描，7.0特斯拉可用于脑部疾病诊断、高分辨关节成像，这个是非常重要的，9.4特斯拉可用于脑功能研究、早期癌症诊断，14特斯拉可用于高分辨结构图像、高清晰功能与代谢成像，这是超导磁体的一个应用的实际例子。

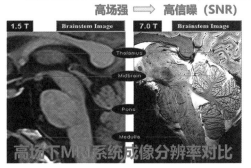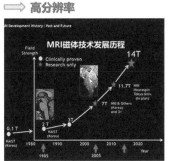

◎ 图21　超高场磁共振成像磁体

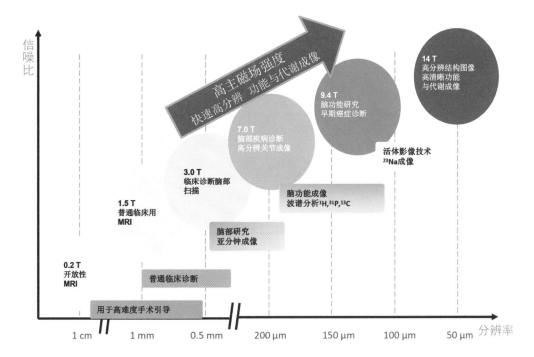

◎ 图22　核磁共振成像分辨率随磁场增强而大大提高

超导另外一个磁体的应用就是未来聚变堆需求挑战大型超导磁体极限。我们知道可控核聚变就是人造太阳，人造太阳的温度在上亿度，要把等离子体氘、氚约束在里面，在那么高的温度下没有别的任何结构和材料可以利用，只有用磁场来约束，需要达到的磁场现在是11特斯拉左右。一个可控核聚变的建造，以现在的水平，不管做什么样的，它的超导部分的成本均占到37%以上。真正实用化的话，在未来要达到15特斯拉，对应大电流100千安和10米的尺寸，这是现在努力的目标。强磁场不仅可以提高聚变功率（其与磁场的4次方成正比），还可以增加等离子体的约束能力，减小规模，提高经济性。磁场越高，发电成本就越低，所以这是一个非常重要的应用，也面临巨大的挑战。

实际上，麻省理工学院（MIT）现在已经开始在做小型的可控核聚变。现在我们国家也有，比如北大的几位本科毕业生在美国斯坦福、MIT拿到博士学位后放弃在美国的高薪就业机会，回国成立了能量奇点能源科技有限公司。他们用人工智能和仿真技术模拟用高温超导材料的核聚变等离子体先进的运行模式。前段时间安徽省以政府为主导向等离子体所投资了100亿，用来建造可实用化的这样一个模式。当然现在离能发电还有很长的路要走，但是从商业模式来看已经开始了。

超导磁体还是高能量粒子加速器的关键。在现已建成的欧洲核子研究中心大型的强子对撞机里面就有1700多个大型磁铁（图23），我们知道大型同步加速器和自由电子激光器以及这种对撞机里面的电子加速都是用超导射频谐振腔来实现的。在这个欧洲核子中心里有1200多吨超导线，一年要用130吨液氦提供循环。上帝粒子被发现以后，中国高能物理所以王贻芳院士为首的研究团队提出要在中国建造超导对撞机，欧洲也同样提出了这个想法。他们至今没有建造的原因就是超导磁体的成本太高，它的成本比刚才的可控核聚变用到的磁体的成本还要高。据悉，如果在现有的超导载流能力上提高一个量级，成本降低一半的话，就可以做。但如果达不到这个要求的话，投资金额会巨大。

另外一个要讲的是超导船舶推进电机，图24是美国超导体公司为美国海军研制的36.5兆瓦高温超导船舶推进电机。如果使用铜线圈制作电机的话，21兆瓦的体积是超导电机的三倍以上（图25）。所以超导电机不但噪声小，又节能，而且体积也小。用36.5兆瓦的这样一个船舶推进的话，三台就可以推动一个航母。

◎ 图23　欧洲核子研究中心大型的强子对撞机

◎ 图24　超导船舶推进电机

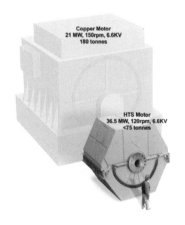

◎ 图25　铜线圈和超导线圈
　　　　电机尺寸的比较

　　还有一个是超导磁体应用于高速磁悬浮列车（图26）。其物理原理跟刚才演示的证明超导是神奇的实验的原理是一样的，所以从理论上讲它可以安全可靠地运行。

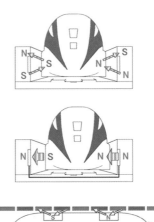

◎ 图26　超导磁体应用于高速磁悬浮列车

超导在强电方面的另外一个应用就是超导电缆。大家都记得，有一年美国纽约大停电，就是由于它的东部电网出了问题，所以美国一直想把西部电网、东部电网和德克萨斯电网连接起来。如果那样的大电流相连的话，一定只能用超导电缆，任何其他的方案都不行，所以这是在电力应用方面一直在做的。

实际上我们国家也在做，而且进展得非常好。上海国际超导科技公司成功地做出了1.2千米、国内首个公里级的电缆，以三芯一体的结构达到了35千伏/2.2千安的水平，现在已经替代了原来220千伏的一个电站。对于这个替代的实现，上海市还是蛮有魄力的，从漕溪站到长春站，到目前已经安全稳定地运行了一年半。深圳针对于平安大厦里面供电需求量大，专门为它做了一个400米的供电电缆，这些是超导电缆应用里程碑的成果。实际上我们现在"西电东送"工程的一个关键之处就是电缆如何过长江，这是一个很大的问题。假设超导电缆可以安全运行20千米，就可以在"西电东送"这方面做出很大贡献。

另外一个是超导限流技术（图27）。大家知道电力会受雷击之类大电流的影响，超导限流器就是用来保护电路免受大电流冲击的，图27所示的是江苏中天科技有限公司制作的超导限流器，已经在南方电网应用上了。

超导限流技术：典型项目　　　　**江苏中天科技有限公司**

220kV电阻型超导交流限流器：
- 结构型式：电阻型超导限流器；
- 实施：江苏中天科技、北京交通大学
- 额定电压/电流：220kV/1.5kA；
- 地位：世界最大容量电阻型超导限流；
- 测试时间：2018年1月。

160kV超导直流限流器：
- 结构型式：电阻型超导限流器；
- 实施：广东电网、北京交通大学、西部超导等；
- 额定电压/电流：直流160kV/1.0kA；
- 地位：世界首台输电级超导直流限流器、首次开展人工短路试验；
- 并网时间：2020年8月。

◎ 图27　超导限流技术

　　下面讲一下冶炼节能问题。现在我国需要对大量的有色合金、有色金属等进行加工，通常使用的是常规感应加热，而常规电磁感应加热的物理原理是趋肤效应原理，主要是表面加热，然后利用有色金属导热性能好，热量可快速传递使金属熔融并进行加工。现在江西联创光电和北京交通大学发展了超导感应加热技术，做出了1兆瓦的超导感应加热系统。兆瓦级的装置每年可以节省640万度电，并且它的加热效率由原来的只有40%～45%提高到了80%～85%。所以这种节能技术在"双碳"目标中将得到广泛的应用。常规感应加热和超导感应加热的比较具体见图28。

　　下面谈一下在弱电方面的应用。刚才讲了约瑟夫森效应，通过约瑟夫森结的磁通是量子化的，所以单个磁通量子是最小磁通量的单位，原则上是可以测出一个磁通量子的磁通的，它相当于地球磁场的几十亿分之一的变化，其灵敏度理论上只受量子力学测不准原理的限制。在这样的情况下，它可以有非常多的应用，比如它可以做电压基准的标准，以前都是用化学的方法做标准，现在可以改用超导的方法做标准。由于拥有这么强的磁灵敏度，所以在医学方面可以利用超导量子干涉仪（SQUID）做心磁图、脑磁图的测量（图29）。因为生命体都有磁效应，所以可以用这种方法来探测人的机体功能随磁场的变化。

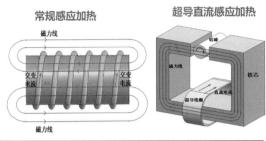

	常规交流感应加热	超导直流感应加热
加热频率	≥50 Hz（≥3000 rpm）	4~10 Hz（240~600 rpm）
电流穿透深度	≤15 mm	≥100 mm（可通体加热）
加热效率	40%~45% 铜线圈损耗约50% 电气损耗约10%	80%~85% 电机损耗为10% 制冷损耗约5%

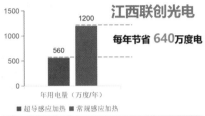

◎ 图28　大容量超导感应加热技术

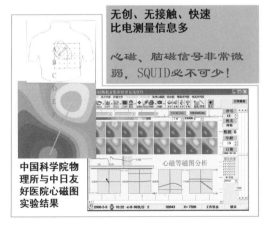

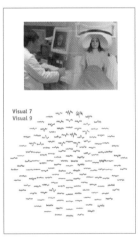

北京大学在309医院建立了高温超导多通道心磁图系统
中科院微系统所正研制低温超导64通道心磁系统并在上海的医院做临床实验

◎ 图29　利用SQUID测量心磁图、脑磁图

　　那么，如何来解决低功耗的问题呢？现在

半导体集成电路正在遭遇发展瓶颈。我们大家一般听到的是几纳米加工的

限制，像3纳米、5纳米这种，实际上半导体集成电路进入亚10纳米技术节点有

很多瓶颈，一个是速度瓶颈，另一个是功耗瓶颈，还有一个是制造瓶颈。我们知道，现在国外光刻机可加工到3纳米，但我们国家现在只能做到14纳米，这就是制造瓶颈。我们的手机发热很厉害，1平方厘米内有几十亿甚至上百亿个晶体管在发热，这是功耗本身的损耗。现在我们要走向下一个世纪的话，制造业一定要以数字化和智能化为核心。数字化就会有大量的数据需要处理，所以大数据中心现在越来越多。我们国家目前的大数据中心耗电量已占全国电能消耗的6％以上，并且年增长率高达8％，所以低功耗是一个非常重要的问题。

我们的计算机都是基于半导体芯片，而长远的目标是量子计算机，量子计算机何时可以作为通用计算机，没有人知道时间表。另外一个途径就是超导计算机，超导计算机是器件级颠覆方案，因为它是经典比特，与冯·诺依曼框架是匹配的，技术相对成熟，时间表相对清楚，而且与工业的发展生态环境和半导体技术都是兼容的。实际上有两个国家在这个地方布局，即我国和美国，美国实际上已经做了很长时间，但一直不知道他们的进展，因为这个是绝对保密的。我们国家以中国科学院上海微系统所和计算所牵头，还有很多公司加入，进行超导计算机的研发。

将超导跟半导体集成电路进行比较：第一，从器件上来看，超导是约瑟夫森结和SFQ，而半导体是PN结和CMOS；第二，从速度上来讲，超导可以达到百GHz量级，而半导体是GHz量级；第三，从功耗上来讲，超导是10^{-19}瓦，而半导体是10^{-14}瓦，功耗可以降低5个量级；第四，从设计上来讲，和半导体EDA原则是兼容的；第五，从工艺上来讲，和半导体工艺完全是兼容的；第六，从节点上来讲，微米工艺已经可以和半导体竞争，实际上尺寸是可以比现在的半导体芯片尺寸大的；第七，从环境上来讲，可以复用半导体集成电路建立的生态环境，因为与半导体的器件是符合的。

高性能计算机的限制主要在于功耗、空间和冷却，现在空间太大，冷却太困难。升级到更强的计算机受限于电力公司的供电能力、空间和冷却基础的框架。超级计算机需大空间、巨大功耗和高效散热技术。通常，一台千万亿次级超级计算机每年大约要消耗一个中型核电站的发电量，若以国内目前传统技术方法构建一台运E级的超级计算机，年能耗将会超过三峡水库发电量的1/3。一台高性能超级计算机年耗能相当于5万吨标准煤，不管别的，单单只是运行它，

电费就可达到1.5亿元/年。现在我们国家的大数据战略是东数西算的原因就是我们东部比较发达，数据比较多，而西部比较少，使用电的成本较低，同时西部气温低，散热成本也低，所以我们现在把大部分大数据中心计算部分放在西部，像青海、宁夏这些地方。基于超导逻辑和低温存储器的计算机可帮助解决这些问题，所以超导在这方面有广泛的应用前景。

三、超导研究的展望

从1911年发现超导至今已经有110年了，没有哪一个学科和哪一个物理分支像它一样（实际上超导只是凝聚态物理的很小的一个分支），这110年间对它的研究从来没有停息过。每一次的March Meeting在我们凝聚态物理领域，都有超导的分会场。

超导研究的挑战在于：第一，我们上面讲过，常规超导的机理BCS理论已经解决了，但是非常规超导体的机理并不清楚，像铜氧化物超导体、铁基高温超导体这些非常规超导体的微观机理到目前为止我们一直没有完全解决和达成共识，这是一个挑战。这个问题的解决也许要突破现有理论的范式，会极大地推动凝聚态物理学本身和基础科学的发展。第二，从应用角度来讲，需要探索更适于应用或更高临界温度甚至室温的超导体。如果发现可以广泛商业应用的超导体，将有可能像集成电路那样成为带动整个世界社会、经济发展的新的增长点，推动人类文明的发展。前面我们讲到，超导可以用于基础科学、电力交通、通信计算、医学生物等，几乎任何地方都可以用，应用领域广泛，所以这一直是我们致力于研究的，但关键还是材料即超导体本身。第三，超导体的广泛应用。这里的应用尤其是指新增产生出来的一些新的科学和技术的发展，如量子计算、超导芯片、强电输送、强磁场等，现在强磁场仍然是一个很大的问题，前面我们讲了，要做一个大口径的14特斯拉的磁场都很困难。所以超导领域的科学家普遍认为这些挑战的解决都将可能获得诺贝尔奖，而关键工作还是新超导材料的发现。

当然，室温超导体的发现是这个领域科学家的梦想，也是这个领域科学家孜孜不倦的追求。大家可能看过科幻电影《阿凡达》，在其中的潘多拉星球上可以领略到室温超导体的绝美之处（图30）。你看哈利路亚山上的这些矿石全是室温超导体，所有的矿石都是在飘着的，山都是飘着的。实际上，半个世纪之前诺贝尔奖获得者Ginzburg就指出，人类持续发展能源问题的根本解决就取决于室温超导体的发现和可控核聚变的实现。当然这两个目标的实现都是非常困难和艰巨的。现在等离子所乃至国家对可控核聚变的投入巨大，当然世界上也投入很大，像ITER计划。

◎ 图30　室温超导体

正如我最开始讲的，人类文明可用材料来划分。通过我的报告，希望大家接受或者不反对地认为下一个可能支撑人类文明发展的材料是室温超导体。在多年前科学交流顺畅时，中国科学院和美国能源部一直保持每年召开超导战略研讨会，持续了多年，美国科学家实际上比我们更早地提出室温超导体可能成为划分人类文明或者支撑人类文明的下一代材料这一观点。

（王慧莉　整理　罗习刚　审校）

3

漫谈免疫力与免疫治疗

报告人介绍

田志刚

中国工程院院士，中国科学技术大学学术委员会副主任、免疫学研究所所长，中国科学院天然免疫与慢性疾病重点实验室主任，生物医学与健康安徽省实验室主任，合肥综合性国家科学中心大健康研究院院长。历任山东省医学科学院基础医学所所长，山东肿瘤生物治疗研究中心主任，中国科学技术大学生命科学学院院长，合肥微尺度物质科学国家研究中心［原国家实验室(筹)］分子医学部主任。

为国家杰出青年科学基金获得者、国家基金委创新群体负责人、国家科技重大专项项目负责人、国家重大研究计划项目首席科学家、国家基金委重大研究计划专家组组长等。

报告摘要

免疫力是指人体防病抗病的能力，是人体消灭外来侵入的任何异物（病毒、细菌等），清除衰老、损伤、死亡、变性的自身细胞，杀灭体内突变细胞和病毒感染细胞的能力。免疫治疗是针对机体低下或亢进的免疫状态，人为地增强或抑制机体的免疫力，以达到疾病治疗的方法。本讲座将介绍免疫力与人体健康，免疫治疗前沿知识，肿瘤的免疫治疗等最新进展。

主持人介绍

叶向东

　　1963 年出生于安徽省宁国市，动力系统专家，中国科学院院士，发展中国家科学院院士，中国科学技术大学教授、博士生导师。长期从事基础数学中拓扑动力系统、遍历理论以及它们在组合数论中应用的研究。

田志刚：没有免疫学护驾，人类健康安全倒退 100年

感染、过敏、肿瘤、衰老与退行性疾病……可以说人类所有疾病，均起源于免疫力失常。那何为免疫力？如何进行免疫治疗？

中国科大田志刚院士在《漫谈免疫力与免疫治疗》报告中，自问自答了"免疫力10问"，介绍了免疫力与人体健康的关系，免疫治疗前沿知识，肿瘤的免疫治疗等最新进展。

免疫力是指人体防病抗病的能力，是人体消灭外来侵入的任何异物（病毒、细菌等），清除衰老、损伤、死亡、变性的自身细胞，杀灭体内突变细胞和病毒感染细胞的能力。

田志刚指出，熬夜、烟瘾、肥胖、压力是免疫力的"四大杀手"，环境污染和乱吃保健品可杀伤免疫

导　读

力。免疫力衰老不可抗拒但可以延缓，其中中枢免疫器官老化最早、最快，是免疫力下降的关键。

针对机体低下或亢进的免疫状态，人为地增强或抑制机体的免疫力，以达到疾病治疗的方法就是免疫治疗。田志刚表示，免疫治疗已经为人类做出历史性贡献，如近百种传染病通过疫苗得以预防，拯救了数亿人的生命。

田志刚指出，免疫治疗对体弱病人更为适用，且治疗方式多样、简单易行、安全有效。目前，医学最高境界是实现重大疾病的免疫治疗，如肿瘤的免疫治疗。同时，田志刚提出了利用NK细胞开展免疫治疗的两大路径。

免疫学是研究免疫系统的结构、运动和功能的学科，为人类健康做出了无可比拟的贡献。田志刚表示，"没有免疫学护驾，人类健康安全倒退100年。"

主持人：

欢迎大家来参加今天下午的科普报告会。下午的报告，由田志刚院士来给大家讲解，首先介绍一下田志刚院士。田志刚，中国工程院院士，中国科学技术大学学术委员会副主任、免疫学研究所所长，中国科学院天然免疫与慢性疾病重点实验室主任，生物医学与健康安徽省实验室主任，合肥综合性国家科学中心大健康研究院院长。历任山东省医学科学院基础医学所所长，山东肿瘤生物治疗中心主任，中国科学技术大学生命科学学院院长，合肥微尺度物质科学国家研究中心［原国家实验室(筹)］分子医学部主任。

田志刚院士为国家杰出青年基金获得者，国家基金委创新群体的负责人，国家科技重大专项项目负责人，国家重大研究计划项目首席科学家，国家基金委重大研究计划专家组组长等。田志刚院士的主要研究方向为NK细胞与免疫治疗，他以通信作者在 *Science*，*Cell*，*PNAS* 等发表SCI论文400余篇。2008年和2019年分获国家自然科学二等奖，2011年获国家科技进步二等奖。他创办了并作为执行主编运行中国免疫学会英文会刊 *Cellullar & Molecular Immunology*，现任国际免疫学联盟（IUIS）执委，中国免疫学会监事长，曾任中国免疫学会的理事长。今天田志刚院士的报告的题目是《漫谈免疫力与免疫治疗》，下面我们用热烈的掌声欢迎田志刚院士。

报告人：

十分荣幸，应学校领导邀请来做一次科普报告，这也是我生平第一次做科普报告，诚惶诚恐。我的体会是做科普报告也是做专业报告，或者说我们大部分学者都是专家，就是善于钻牛角尖的人，喜欢"潜水"的人，而不是在这里做科普报告的人，任务实际上是巨大的。这一段时间我一直在做着准备，当然在准备过程中自己也学习很多，提高很多，过去不太精准的一些内容，被迫也要把它搞得准确一些。所以，感谢有这么一个机会来和大家交流。

"免疫力"和"免疫治疗"是两个词，实际上是一件事情的两个方面。免疫力是所有生物体内，特别是人体中的一股神奇的力量，它护佑我们健康，护卫整个人类群体的存在。所以这个力是自然存在的力，我们需要去认识这种力量。我们对它的认识还相当有限，但是我们在认识它的同时，就依据对它的了解发掘了它的潜力，并应用于对疾病的治疗、诊断等方方面面。所以今天讲的话题实际上是相当宽泛的，我来给大家进行一一解读。

今天要谈的内容，我把它归纳为10个问题，叫"免疫力10问"。分两个板块，一个是对免疫力本身，什么叫免疫力？这是怎么一回事，给大家做一个科普的解读，一共分五个方面。另外，就是免疫学到底给人类做过什么贡献？能干什么事情？我们在整个生活当中面临哪些免疫学问题？这又谈到了五个方面的内容，最后我会讲一讲免疫学，这个学科是一门什么样的学科，再简单地做个总结。

一、魂牵梦绕免疫力

什么是免疫力？免疫到底有什么用？如何用免疫力？这三个问题后面我会展开讲。"疫苗呵护生命"中会介绍一些历史上的重要的事实。另外，抗体攻克难症，未来很多攻克不了的难症可能都寄希望于抗体的出现和抗体内的药物。不到10年的时间，免疫细胞将造福众生。细胞变成了一种药物，那么有更广泛的、以前解决不了的健康和疾病问题都会有新的机会。所以，疫苗呵护生命，抗体攻克难症，细胞造福众生。

二、生老病死免疫力

大家都知道，每一个人在出生之前，其母亲的免疫力是十分奇特的。因为胎儿在母体内有一半免疫力是来自于父体的，实际上就相当于是一个来自于父亲的一个外援的移植物种在母体里，这是应该被排斥的，但母体有一股神奇的力量控制着这个免疫力。它不断地创造一个环境，使胎儿不被排斥掉，他才能在母体里面待十个月。所以这个神奇的免疫力，它有一个负调的机制，如果没有负调的机制而一味地正向排斥，就没有人类的今天，也没有生物的今天。大家知道，六个月以后，一些新生儿开始生病，那是因为在出生之前，母亲带给孩子的生命力、免疫力在孩子身上发挥作用的期限就是六个月。这六个月，正是新生儿自己的免疫系统逐渐地成长、完善的过程。如果完善得差一点，可能就会晚一点，完善得快一点就可以早一点。但是母亲帮忙就帮到六个月了，剩下的要靠自己了。同样地，现在最常发生的事，就是家里面小孩一发烧，就到医院去，很多人的第一要求就是赶紧输液，这是东西方文化巨大的一个差别，或者说是由一些知识缺陷所造成的。轻微的发烧，是免疫系统进行作战的一个过程，相当于训导部队的一个过程。如果把轻微的发烧过早地压制下去，就是把幼儿的免疫和外界的相互博弈成长的过程给打断了。这是一个不好的过程，所以不要随意地输液。

另外，还有常见的一个问题，就是看上去胖胖的、很壮的孩子为什么会生病？其实，肥胖不是强壮，实际上是带有一定的亚健康的一个状态，免疫力是会受到影响的。而人到了中年时，《黄帝内经》中就讲道："人到中年，肾气自半。"肾气是从古中医来讲的，它是免疫力的一种类型。就是人到中年时免疫功能都下降了，那么各种疾病，包括慢性病就会慢慢随之而来，比方说我们过去不了解的动脉粥样硬化冠心病，实际上是免疫功能低下的一种表现。免疫系统要清除体内很多的垃圾细胞，或者一些垃圾物质，就像在管道里面水可以流得很快，但是如果管道都生锈了，很多东西就会在管腔里面沉积下来，动脉粥样硬化就是这样形成的，免疫系统清除的能力在下降，所以就导致了很多东西不能被排除掉，最后表现出来的就是心脏病。这是一个缓慢的过程。到了老年，骨髓骨质疏松是很常见的一种现象。骨头的形成靠成骨细胞，就是成为骨头的那种细胞，骨头的形成是靠它来完成的，但是到了老年，免疫平衡状态失调，过度地清除成骨细胞，所以骨头的形成出现了毛病。又比方说老年痴呆，是由脑袋里面的"痴呆蛋白"，也叫淀粉样蛋白沉积导致的，我们年轻的时候免疫能力很强，它出来多少就能清掉多少，而老年的时候不"充电"了，清除功能就下降了，就会出现老年痴呆。另外，老年人的多器官病变是常见的，大家如果注意，会发现家里老人如果生病往往不是一个脏器出了毛病，而是一串脏器都出了毛病，这是因为整个免疫系统的衰退导致多器官衰竭，这是它需要完成的

工作却不能完成而长期积淀的结果，所以大家就知道了生老病死是由免疫力负责的。

三、万病皆因免疫力

万病皆因免疫力。所有疾病都起源于免疫力的失常，我们比较熟悉的是，一般说感染或肿瘤时谈到免疫力比较多。当一个人去咨询免疫疾病时，当然知道这是免疫，大家经常讲是由免疫过强导致的。其他很多疾病大家并不太熟悉，并不知道与免疫相关，实际上，一些慢性疾病、心血管的代谢疾病、神经疾病、衰老，等等，都和免疫系统有关系。只要免疫失衡，所有疾病都可能发生。

另外特别要关注的就是亚健康。说这些疾病是病，其实也不是病，甚至有的人说你太娇气了，怎么这么多毛病，一会怕冷了，一会儿失眠了，一会儿发脾气了，等等，这些亚健康状态导致免疫力的失常。在亚健康状态下这些症状就已经开始发生了，所以我们说最好的治病的人不是医生，是自己的免疫力。大家必须要有个概念，不是说医生是万能的，医生只能是通过他的治疗来矫正你的免疫力。如果你的免疫力已经崩溃了，那么任何人都解决不了问题。所以大家不要把怨恨都丢在医生的身上。你自己的免疫力是最核心的，医生只是在帮助你的免疫力做调整，做恢复，做纠正。但是如果你的免疫力的底子已经不行了，那他做这些工作都是徒劳的。因此，从这点来讲，最好的医生是自己的免疫力。但是免疫力不是一个蛮力，平衡是至关重要的，它可以使问题简单化。其中免疫耐受，是一个免疫学的名词，实际上是免疫的低应答，低应答是有效的，是故意把它调控成一个低应答的状态。也就是说，免疫耐受和免疫应答是一个事情的两个方面，这两个方面平衡，你就是健康的；如果不平衡，过度的免疫耐受就会出现免疫低下。肿瘤和感染都是因为这个原因。

另外，免疫过度的应答，就会出现各种各样的疾病。这里面所列的还是常见的一些疾病。这些疾病对自身的免疫系统发起了攻击，所以免疫力实际上是一个平衡的、一种多项指标加在一起的一个平衡的状态。现在中国免疫学会专家共同提出，希望国家支持一个计划，叫"人类免疫力解码计划"（human immunity atlas，HIA）。上面讲的免疫力比较宏观，容易理解，但是一旦细化，这里面存在的问题就很多，一个是组织细胞分子基因全景的分析，现在不同的种族、不同的年龄段并没有一个免疫力描绘的标准的指标或者是数据群；另外，在正常人和疾病的亚健康状态的病理过程，放在疾病阶段动态地来观察，也是没有的，所以现在的免疫学研究和解读的都是一个个具体的事件，从某一个细小的角度给予解释，所以这样一个免疫的解码计划就是至关重要的。尽管很重要也很超前，但是完成这件事情应该还比较遥远。

免疫力体检和免疫力计分的时代即将来临，尽管现在临床化验指标对检测免疫力有帮助，但可以肯定地讲，它不是免疫力的真正的指标，因为大家统一的那几项指标并不能概括，或者说远远不能概括。另外，社会上做的很多基因检测指标也远远不等于免疫力的指标，因为基因水平和有功能的蛋白质水平完全是两码事。它可以对预示有帮助，但不能划等号。好在肿瘤的研究领域出现了一些小的突破，可以对肿瘤病人进行一定的免疫计分，而且在临床大规模的研究当中也看到了它的预警和预测的价值。它用的就是血液的免疫指标，当然宽于我们现在的临床的检验指标。再加上组织肿瘤的病理标本的免疫学的定位的指标，能检测出肿瘤病人预存的免疫力还有多少。因为有肿瘤肯定是免疫力已经崩溃了。通过计算它还预存多少来对肿瘤进行免疫治疗。这个方法在近些年来得到了大家的认可，可能还需通过实践以及若干年的观察之后才能有定论。

四、先知先觉免疫力

我们再讲先知先觉免疫力，在这里先让大家知道免疫力大概是什么。尽管我们不能画一个全貌，但是可以知道内涵是些什么。大家知道免疫力的任务十分艰巨，机体应对各种"风雨"的能力，就是免疫力了。机体外界有叫抗原的物质。抗原对免疫学来讲就是非我们自己的一个物质，外来的东西我们统一把它叫作抗原。抗原有多少？10^{17}。这完全是一个不可思量的大数据。这样的东西一概都不能进入我们体内，除非你有能力让它和你友好地共存。如果它进入体内而且失控，就会带来各种疾病，所以免疫力的任务巨大，对内环境的应变也任务巨大。每秒钟有1000万个细胞会死掉。这些细胞都要被清除掉，都要被排除掉，都要被消化掉，不然我们这么一个人站在这里，皮囊根本就装不住，我

们若出现了这么多产量的细胞，清除不力、清除缓慢，都会带来很多的疾病。

"免疫"，我们古代就有这个词。不是说因为有了英文"immunity"才出现了免疫这个词，这不是硬翻的。我们简称叫免疫，就是免除各种疾病的这样一套系统，也叫免病的系统。有三个功能：一个是免疫防御，抵御外来的病源侵略。第二个是免疫自稳，维持机体的自身稳态，稳态就包括你自己多余的细胞要被清除掉。清除过程当中还要区分出该清除和不该清除的，清除错了也会自伤。这个稳态需要维持。第三个功能就是免疫监视，监视恶变的细胞。这些细胞变得更加活跃，生命力更加旺盛，需要监管好。所以这三大功能就几乎把所有疾病都囊括在内了。

免疫力的"指挥中心"是各种各样的免疫器官。但是"事件"发生地，过去我们常把它认为是被动接受总司令部派出的"兵员"。其实现在看来不然，在这些发病的区域预先都有自己的地方，部队在这里完成任务。当疾病不严重的时候很有可能地方部队就完成了任务，甚至在极端的情况发生时，"中央军"出现问题，地方部队还会派到"中央"去帮忙，去补充它的不足，甚至到那个地方去纠正它的恶变、突变等突发事件。所以中国科学家在过去10年在全球提出来要做组织器官的区域免疫特性的研究。通过10年的研究，确实有一个区域免疫力的概念被提出，肺脏有肺脏的区域免疫力，肝脏有肝脏的区域免疫力，肠道有肠道的区域免疫力。最终发生疾病是区域免疫力和全身系统性的免疫力合二为一，一起"战斗"的结果，当然它们之间也会发生各种各样的矛盾。

五、可操可控免疫力

免疫力是不是可操控的？可以说人工操控免疫力的收获季节即将到来。通过常规采血进行供、受体筛查，这个血如果我们研究透了，就会将它很好地储存下来，变成免疫力的银行。

在细胞制备中心进行采血→PBMC分离→扩增培养→收获→回输就是整个生产过程，其中运用一个重要的概念，就是在合成生物学基础上研发出的一个更高级阶段，我们叫用合成免疫学来合成免疫力。最后，造出来的细胞是一个可控化的、智能化的、工程化的细胞，然后再输给有需要的人群，可以使这些人群的免疫力具有抗弱。就是讲，可以阻止使体格很弱的人衰老，甚至救亡，可以达到这样一个状态。所以说这样一个的收获季节即将来临。为什么这么讲？因为有一个科技进步，就是现在无人值守的全自动的免疫细胞工厂正在紧锣密鼓地筹划和想象当中。

我们的微尺度国家研究中心也支持这样一个平台的建设，当然离完成的距离还很远，这需要理、工、医的交叉，但是这样一个中心，它最终目的是什么？这个中心就是智能控制中心。智能控制中心的功能就是某一个病人来了，通过免疫力检测就知道他需要输什么样的细胞。输完之后他就可以走了，生产线自动地在起步阶段在它储存的银行里面找到一份相应的血，继续自动地生产，把空缺给补足。因为人群是多态性的，要对所有人群都实用，所以需要这样一个库，需要这样一些数据，也需要目前的个体户式的细胞的生产变成工业化生产的这种信息流。需要把这种管腔的流动、硬件的流动对接起来。目前关键环节的设备都是具备的，但还没有能力把它整个对接起来。这个过程如果对接好，将来的一个小工厂就可能生产供一个地区所有人群需要的免疫细胞。这个研究正在突破中。

另外，合成免疫技术将决定谁是免疫细胞治疗竞争的最后赢家。在合成免疫学中，我们提出一个新的概念叫作重塑免疫力，即再造免疫系统。举一个肿瘤的例子，一般目前全球研究的细胞治疗，比方说现在很火的CAR-T细胞治疗，这种治疗方法就是在CAR-T细胞上装了一个对肿瘤的识别器而已，但是对肿瘤免疫的几十年的研究告诉我们，不仅仅是能认识肿瘤就够了，还要能进到肿瘤的中心去，肿瘤有很强的一个"外围的账号"，堵着不让其他物质进入。要解决这个问题，进去之后还得要求免疫细胞和癌细胞有一样的在那个脏乱差、低营养的环境当中能活得下来的能力，需要规模化的扩张在原位解决问题。另外，还要协同其他的细胞共同作战，合成免学技术现在看来给了大家希望。过去做的药都是单分子药，单分子没有多功能性，也不会适应环境，只有细胞可以受到调控。你可以想象的东西都可以使它赋予新的功能，所以这件事情的最终结果就是使人工创制更多的免疫细胞和分子，因此，免疫力经济要占到生物经济的80%以上是有道理的，不管是免疫力的评估还是免疫力的干预，或者是免疫力的重塑，这方方面面都有大量的和产业化相关的工作需要做。所以中国

免疫学会也在努力做这种布局并向国家建言。

六、免疫预防

关于灭活疫苗，这里有一个故事，为什么会专挑灭活疫苗？灭活疫苗是我们疫苗里面最古老的一种，这是一个不经意的发现，是由一个"偷懒"的学生发现的。过去的霍乱弧菌是一个很吓人的病，是从鸡的身上传播的。老师组织学生做实验，把霍乱弧菌给鸡接种，那么鸡的血液中就会有，当鸡的血液中霍乱弧菌长到一定的浓度，鸡就会死亡，死前把它的血取出来，再打给另外一只鸡，来回传染。结果，老师让这个学生做的时候，他放假了，去玩了，结果把抽出来的这一管血就放在了一边。隔了两个星期，他回来再做实验的时候，把这管血给鸡接种，结果鸡不死了，因此他就赶紧拿了在其他的活鸡身上有病毒的血拿来再打，并另外设了一组，发现过去没有接种过旧疫苗的、没接种过旧血清注射的那一组同样还是死了，但是打了这一针——偷懒以后的留下的这一针，再打正规的病毒，结果鸡就活下来了，这个就是灭活疫苗的发现过程。实际上是因为两周时间的存放导致毒性大幅地下降，就是细菌自动灭活的过程，就导致其没有强的毒性。但是免疫系统识别了这个病原。所以它活下来以后你再打，同样的小鸡，其免疫系统已经被训练过了，立即就发起反攻，所以细菌被清除，小鸡就活下来了。这个不经意的发现，然后再加上他自己弥补错误的动作导致了灭活疫苗的发现，这个学生就是巴斯德，他也因此成为著名微生物学家，现在巴斯德研究所是法国的医学最高的机构。就是这样，现在疫苗家族也无限地扩大了。对于预防性疫苗，各国政府的做法是类似的，规定要注射的有一二十种疫苗。另外，还有面对小部分人群的特殊疾病的疫苗，我们叫作二类疫苗，是要自己自愿注射的，是付费的，但是一类疫苗的接种是预防整个大部分人群传播的疾病，是政府行为。疫苗对预防传染病有效刺激了科学家的思维，因此就开始将疫苗用到其他的各种疾病，且在动物研究中也看到了很好的疗效。虽然在向人的转移过程当中还面临巨大挑战，但是大家在很多方向上都在坚持，那这当中一定会有重大的突破，未来它将面对疾病性的，如广大肿瘤的、高血压的、肥胖的、老年痴呆的、戒毒的、糖尿病的、关节炎的，等等。

各种疫苗都在研究中，所以说预防领域借助免疫学理论的发展是巨大的。

七、免疫检测

免疫学的检测，这里面有很多故事，免疫检测的开山鼻祖是一位女性的免疫学家 Rosalyn Yalow。免疫学家中共有 19 位诺贝尔奖获得者，只有这一位是女性。她创立了放射免疫检测方法，就是将放射性同位素标记在蛋白质或者是抗体上。由于有同位素的存在，通过监测同位素的量，可以定量检测那个蛋白质在体内的含量，听起来很简单，但是看下面的各种技术：既然同位素可以标记，那么化学发光是不是可以标记？就出现了化学发光的免疫检测。金属蛋白呢？金属可不可以标记？标记以后电子显微镜会不会容易看了？就出现了金属标记的技术。同样地，我标记一个酶，酶可以催化化学反应，让它变颜色，是不是也可以是看得见的。所以免疫标记技术一下子出来这么多。因此在医院里面，现在将近上千种的免疫检测指标都是从她这里受到启发，一步步发展来的。

另外，人们又在想，既然我在体外液体状态可以看，那么在活体各个组织里面能不能看？能不能示踪？能不能看到在细胞中跑来跑去，跑到身体中的哪里了？它的量有多少？结果现在实现了，可以看到细胞的示踪，逐渐地又过渡到实时动态的成效，在活体状态之下看。不仅仅在医院里面，在一个组织切片，免疫病的切片上面都可以看了。这已经从液态变成固态，到活体实时动态观看，使研究人员精准动态观察微观世界变动，越来越精准，越来越多新的知识出现，所以贡献是巨大的。

当你去医院看病，比如感冒，医生经常让你先查查白细胞和免疫球蛋白。大家不了解白细胞，不知道是啥，随便找一个化验单，其中的白细胞计数、中性粒细胞比值、淋巴细胞比值、单核细胞比值、嗜碱性粒细胞比值、嗜酸性粒细胞比值、未染色大细胞百分比、中性粒细胞计数、淋巴细胞计数、单核细胞计数等讲的全是白细胞。

普通的血液检测包括三种成分：白细胞、红细胞、血小板。但是白细胞的内涵太广了。白细胞又分淋巴细胞、粒细胞和单核巨噬细胞。淋巴细胞还可以再分，内容就很多了，但是简单的指标已经给出了免疫力的一些部分的内涵，

所以说对于医院检测的指标，如果你学过免疫学就能读出更多内涵，没有学过那就不知道了，只能看测出来的数据信息，正常值是多少，会给你一个箭头，是上还是下，可以自己琢磨。但是，指标还需要结合很多其他指标一起看它才有价值。

医学检测中常见的问题：一个肿瘤标志物高是不是就一定得了肿瘤？问题是长期出现的，但是，肿瘤标志物的检测是靠免疫检测技术测出来的。因为肿瘤细胞表达了某一个蛋白质，它分泌出来并跑到血清当中，使含量变高了，但哪个地方有肿瘤暂时不知道。但是血清当中表现出来了，所以叫作肿瘤标志物。血清当中的蛋白是什么？这就涉及上面讲到的免疫标记技术。实际上不同的肿瘤、不同的脏器的标志物范围很宽。现在标志物领域，中国的抗癌协会专门有肿瘤标志物专业委员会。该委员会制定的肿瘤标志物有上百种，偶尔看到一两种，也不要太紧张。动态的观察才更重要，一般医生看完经常会讲不要太紧张，一个月再测测，两个月再测测。如果连续测，他就会看到过程，可以推测是和哪个肿瘤有关系。

再一个，免疫检测技术历史悠久，用途广泛，这在前面我已经提到。可以这样讲，现在的医院如果没有检验科，那医院就不能存在了；如果说没有病理科，病理科大部分还是要做免疫组化的，那医院就不能存在了；还有我们很多影像科也做免疫示踪、免疫技术检测，如果没有影像科，没有这些医院都不能存在了。所以说免疫检测技术是至关重要的。

八、免疫治疗

还有免疫治疗知多少，是更大的一个范围。我们刚才谈到的免疫的三大功能，其中最后一个功能是免疫监视，道理就是前面这句话：免疫系统可以识别肿瘤抗原并清除肿瘤。我们每个人每时每刻都有癌细胞出现，但是，它不会变成一个肿块，因为它在出现单细胞的时候就被免疫细胞给吃掉了。因为癌细胞知道它不是一个正常细胞，就尽可能地伪装，但再精小的、精密的一个变化，也会被免疫系统识别。那么人们就想：我们为什么不可以调动肿瘤病人这方面的功能呢？这就是免疫治疗一个最初衷的想法。

另外，放化疗配合免疫治疗会有更好的效果，就目前的观念，还不能把免疫治疗作为首选。如果免疫治疗作为首选，那么它在手术之后就应该早介入，免疫系统对残留的、转移的、远端的肿瘤细胞要远远好于放化疗。或者说放化疗手术大面积地清除了肿瘤，残余的那些顽固分子才是免疫系统要对付的对象。实际上很多肿瘤患者并不是死于手术，也不是死于放化疗，而是死于肿瘤的孵化和转移，所以从这就可以知道免疫治疗的价值。

免疫治疗的方式有很多，就不展开讲了，既有疫苗，又有抗体，还有细胞类药物，人们还在挖掘一些小分子药物来专门刺激体内的免疫系统，等等。使用的方式简单，有口服的，但不是以这为主，更多的是静脉滴注；另外，像疫苗是以皮下注射为主的。

九、免疫药物

再下来，就是免疫药物知多少？这里主要介绍抗体。

首届的诺贝尔生理学或医学奖授予了血清疗法创始人 Behring。他是德国人。他有一个重要发现，就是白喉毒素，过去这在小儿人群当中会引起致命的呼吸系统疾病。他发现白喉毒素之后，给牛来免疫。然后，获取免疫之后，抽取牛的血清，前面大家了解了那个鸡的霍乱弧菌的例子，它们差不多是在同时代，那时候很风行这类事情，所以他从牛身上取来了血清。什么叫血清？就是抽了血，如果不加抗凝素，血液就会凝固，凝固后上面那些清亮的液体就叫血清，血清里面还有很多重要的物质，当时不知道是什么。他把血清拿来给小孩注射，治疗小孩的疾病，结果是细菌被清除了。因此第一届诺贝尔生理学或医学奖就授予了他。

从这一位诺贝尔奖获得者之后，后面就抗体的研究诞生了高产的诺贝尔奖，总共有9次获得诺贝尔奖。其中有3次诺贝尔奖是介绍其中与物质结构和产品相关的。血清疗法发现了之后，Rodney Porter 和 Gerald Edelman 两位专家最早开始在血清当中用生物化学的办法。这是化学家获得的诺贝尔生理学或医学奖，他们知道了抗体的结构，把它说得很清楚了：两条重链，两条轻链，四条链组成了一个蛋白质。抗体是什么结构都搞得比较清楚，他们因此获得诺贝尔奖。

另外，Cesar Milstein 和 Georges Kohler 获得了单克隆抗体。就是把体内的产生抗体的细胞的能力在体外复制出来，建成了一个细胞系，细胞可以永生化，生产这一种特定的抗体，不是所有抗体，是针对某一个特定疾病的那个抗原的抗体。在体外就可以无限制地生产，要多少产多少，是个了不得的一个巨大的变化。过去讲生物技术，有四大工程，其中讲的细胞工程就是指的这件事情，叫杂交流技术，用杂交流把一个产生抗体的正常的 B 细胞和一个 B 细胞来源的肿瘤，即 B 细胞淋巴瘤融合在一起，让它既含有原先产生抗体的能力，又具有肿瘤永生生长的能力。这个技术还是很巧妙的。这就导致了现在大量抗体的出现，现在所有抗体的药物都还在使用这项技术。

2018 年，James P. Allison 和 Tasuku Honjo 两位科学家发现了刚才我们说的负调的靶点，然后用抗体药物进行治疗，取得了奇效，所以获得诺贝尔奖。实际上在这两位学者获得诺贝尔奖之前，抗体药物已经有 40 多年的历史。只不过那时大家对靶点的认识不同，抗体的工程化技术也不同，还在缓慢地在推进当中，现在速度是越来越快了。

所以你可以看到，在 9 个诺贝尔奖中，提供抗体生产理论的占了一半以上。抗体到底怎么产生的？为什么会特异性地存在？为什么一个抗原注射体内就产生抗体，谁产生的？来了上百种上千种抗体，怎么来确定是一对一的关系？这些就是其他的那些诺贝尔奖获得者在理论上来解读的事情，所以说，整个抗体是一个典型的例子。

所以免疫治疗的药物现在正在改变全球的生物医药产业的整个格局。到目前为止排在前 10 位的单药销售额最高的 7 个都是免疫药物。尽管总额还比不过化学药，因为它的底盘太大了。在销售额前 100 位的药物中抗体类药物占了将近 50%，特别是现在细胞类药物一出现，引起世界更大的轰动。所以我们讲"药物三纪元"：化学小分子药物有超过 150 年的历史；大分子即蛋白质和核酸药物不到 50 年；细胞类药物出现不到 10 年，按正式被批准上市算，才 5 年的历史。但是细胞类药物，前面解释过，由于它是这样一个活的东西，被大家赋予太多的想象空间了。

比方说这个 CAR-T 细胞，从 2012 年治疗患急性淋巴细胞白血病的小姑娘艾米莉，到现在已经有 10 年的时间了。这个小姑娘得病之后，实际上已经经过骨髓移植——最现代的治疗白血病的办法，最后都失败了。正在这个时候，宾夕法尼亚大学启动一个志愿者参与的白血病治疗试验，她的母亲在报上看到这个消息就报名参加了，小姑娘在治疗的时候，整整高热了一个星期，因为大家对这项技术还不了解，就几乎觉得她可能活不了了。实际上高热就是细胞因子风暴，细胞的风暴抗过去了，之后再抽取她的骨髓检测，结果十分惊奇地发现，血液当中的癌细胞全都没有了。这因为骨髓中的细胞一突变为癌变细胞就能被看到，因为它长得比较大，细胞核也比较大，所以一涂颜色就看得很清楚。所以这一针就清除了癌细胞。

这也是现在大家在网上看到的广告词，所以有朋友来问我是不是这么回事，还有很多人现在说要给你储存你的淋巴细胞，就是为了保证你将来有癌细胞的时候，他把你的淋巴细胞就变成这样的细胞，什么癌都能抗，你交费他帮你存下来。应该说不是完全没有道理，但是现在的科技远没达到那个水平，只是在这样一个特殊的疾病，肿瘤细胞表面那个靶点可以十分明确被癌细胞所识别，但是癌细胞能识别的肿瘤的靶点是有限的，是不精准的，也不是一个靶点就能完全代表癌细胞的，这里面就有很多复杂的问题要共同来考虑。不管怎么样，人们产生了太大的想象空间，针对B淋巴肿瘤这一个靶点可以，目前至少也排了有十个其他种类靶点，不可以这样来试吗？

所以现在CAR-T细胞在2017年被FDA批准为药物之后，2018年、2019年网上有一句话叫"一CAR在手，money无忧"，就是有太多的人愿意投钱，做风险投资，让你创办企业做CAR-T细胞。那同样，人们也在想，我能让T淋巴细胞变成有这样一个特定的识别肿瘤的功能，因为CAR也就是个基因修饰，把一个识别器，即一个抗体的片段装到T细胞中。既然能这样，我可不可以通过基因修饰的办法，让免疫细胞具有各种各样的功能，那不是解决好多问题了吗？

十、免疫保健

再一个是衰老。衰老起源于免疫力的衰老，尽管不可抗拒，但是可以延缓，所以你可以看到衰老从哪来，我们后面会介绍。

衰老最早的是中枢免疫器官的衰老，所以免疫力下降，特别是胸腺和骨髓，

胸腺在早期就开始衰老，骨髓在后期逐渐衰老，所以对于这些脏器的衰老，怎么解决它们的问题，仍然是一个关键的环节。尽管我们也知道脑可以衰老，心脏可以衰老，我们认为那都是到了功能的末端，维持这些细胞的生态环境是要靠免疫系统来维持的，所以如果说免疫系统维持环境这个问题没有解决，只是看终端，为什么生病，那就和我们讲的"治标不治本"是一样的。所以这些事情给免疫学家带来了巨大的挑战。

结语：免疫学到底是个啥学问

给大家回答了10个问题。最后我就讲免疫学到底是个什么学问，是干什么的。这个词的诞生有两步：vaccine（疫苗），它是个东西；vaccination（接种），它是一个动作，是两个不同的侧面。这个时候的人还不知道接种以后有好处，有什么好处人们并不知道。接着换了一个词，过了若干年以后，人们开始变换词了，说接种完以后，发现它可以免除一些疾病。所以现在就把接种叫做"免疫"，我们中国人把两个词一块用，叫免疫接种，"immunization"。这时候已经知道，接种的目的就是让你体内产生免疫力。那接着就要问了：免疫力是个什么东西？就形成一门学问，叫"immunology"——免疫学就诞生了。

那免疫学干什么？它是研究免疫系统的结构、运动和功能的学科。记住三件事就行：

一个是三大结构：器官，刚刚提到了，有胸腺、有骨髓、有脾脏、有淋巴结，等等；细胞，刚才我又跟大家讲了，白细胞是其中的一个大的主体；分子，上述细胞赋予很多的分子，特别是蛋白质的分子来行使功能，有在细胞膜上发挥作用的，有分泌出来起作用的。那就是这样的三大结构。

还有三大运动的通路：我们前面谈到血管，血液的通路和淋巴结的通路，这两个通路是血液的通道；另外神经系统不可忽略，尽管现在描绘不多，但蛛丝马迹都能看到。通过化学信号的传递，利用神经轴的传递功能，来调动全身免疫细胞功能，也是重要的一个环路，所以"神经内分泌免疫学"这个口号喊了四五十年，一直没有很好地破解，但是自然现象是存在的，谁都承认。这是所谓的三大结构、三大运动。

再就是三大功能，刚才我已经解读过了，再解读一遍。防御功能，相当于"国防军"，抵御敌人于国门之外；自稳功能，相当于我们的"警察"，维持社会安定，不要打群架，自己和自己打起来，那不行，要控制，还有一些残余分子要清除，衰老、衰退、死亡的都要把它清零，不能在那里停着不动；再下来是监视功能，相当于"纪检"，那就是对恶性细胞的诞生进行监控。所以就是这三大功能。所以说免疫学很好学，学好三大结构、三大运动、三大功能就好了。

我前面谈到过区域免疫，我们打了一个问号，外周免疫器官即第三级免疫器官。

我们过去没有把它叫免疫器官，目前教科书也没这么写，中国的免疫学家认为应该这样写。第三级的各个脏器对中枢和一级、二级都有反哺作用。最早的时候，从化学里面就找到证据，因为最早的免疫系统进化从最低等的动物开始，根本还没有像我们人、没有从脊髓动物开始的那些免疫结构，其免疫系统的细胞是存在于消化道里的。所以，随着组胚的发育、分化才逐渐地有独立的免疫结构，到高等动物才有独立的胸腺、骨髓的结构，过去都没有。所以要这么说的话应该说在"战争"第一线的组织里面早就有免疫，只不过我们后天开始学习的时候，面对的是个复杂结构，才描绘出今天的免疫学。有时候讲，为了引起免疫学同仁的注意，我们说现在的免疫学教科书只是写了半本免疫学，还有半本组织器官的免疫学没有描绘，所以说这里面有太多的奥秘可以探讨。

免疫学为人类做出了无可比拟的贡献，首届诺贝尔生理学或医学奖就授予免疫学家，20世纪100年18次免疫学家获得诺贝尔奖，大概四五年就一次，过去10年又有2次，所以这个学科是个巨大的学科。

目前，国际上划分的22个学科里面，免疫是单列的一个学科，它和数学、物理、化学并列，是单列的，这是一个重要的大学科。我们国家可能因为学科诞生的历史原因，在20世纪90年代中期才开始把它作为学科分开，到现在也就20多年的历史，没有跟上全球的节奏，所以今后免疫学同仁任务重大，也希望大家来学习免疫学。

再给大家讲一点免疫学的概念，刚才讲到白细胞是免疫系统重要的细胞，其中我们谈到了白细胞里面三大类：粒细胞、单核巨噬细胞和淋巴细胞。狭义的免疫学，精华的免疫学是研究淋巴细胞的免疫学。淋巴细胞也简单，包括三

类，如上述的 B 细胞，它是产生抗体的；T 细胞，有杀伤功能和分泌细胞因子的功能，它就是细胞因子风暴的元凶；自然杀伤细胞，是我研究的领域，也叫 NK 细胞，它的命名就是因为天生体内就带有这类细胞，具有监管癌症的能力。

这类细胞的发现时间比 T 细胞晚了 20 年，但是它的发展潜力是巨大的，这类细胞在免疫治疗中至少可以干两件大事：一个就是培养很多细胞，把细胞输到病人体内去，病人得了肿瘤或生病了，他的 NK 细胞在体内不行了，可以把他的细胞拿出来进行驯化，也可以另外找一个供者，他适合于到病人体内去发挥作用。把这个细胞扩增到相当的数量，再赋予它特定的功能，输到病人体内去，把他的整个体内环境改变。还有一个就是生产药物——蛋白质类的药物。病人体内的 NK 细胞不行，这次不输入细胞，而把药打进去，是有针对性地搞清楚了病人体内的 NK 细胞为什么不行，把那个不行的环节矫正过来，让病人体内自己的 NK 细胞在原位自己变多、变好来发挥作用。就是这两大路径。实际上，T 细胞做免疫治疗也是这两大路径，是一样的，所以说这两个体系有巨大的发展。

最后，我前面讲的两句话，在国际会议当中经常会听到，很多人会说："I love immunology"（我爱免疫学），"I hate immunology"（我恨免疫学）。他们知道免疫学很重要，可以解释各种问题，但学起来就让人头昏眼花，免疫学在生物学中是最难学的一门学科。我想说的是，我们每个人都已经享受了自己的免疫力，那你是不是需要学点免疫学知识？但愿我们后继有更多人开展这项事业。谢谢大家，我今天就讲到这里。

（饶静云　韩继伟　整理）

4

量子信息物理与技术

报告人介绍

郭光灿

　　1965 年毕业于中国科学技术大学，之后留校任教。长期从事量子光学与量子信息的教学和科研工作。2003 年当选中国科学院院士，2009 年当选第三世界科学院院士。现任中国科学技术大学教授，中国计算机学会量子计算专业组主任。培养博士 90 余人，其中全国百篇优秀博士论文获得者 5 人，国家杰出青年基金获得者 11 人，优秀青年基金获得者 19 人，中国青年科技奖获得者 4 人。2003 年荣获国家自然科学奖二等奖、何梁何利奖，2006 年获安徽省科学技术奖一等奖，2007 年获安徽省重大科技进步奖，2013 年获教育部高校技术发明奖一等奖、入选 CCTV 年度科技创新人物，2014 年获高等学校科学研究优秀成果奖自然科学奖一等奖、军队科技进步奖一等奖，2018 年获得安徽省科学技术奖一等奖，2020 年获国家自然科学奖二等奖、安徽省科学技术奖一等奖。

报告摘要

　　量子信息是量子力学与信息科学交叉的新兴学科。量子信息技术可以突破现有信息技术的物理局限，使人类社会从经典技术时代迈入量子技术新时代。本报告将阐述导致量子信息技术性能超越经典技术性能的物理基础——量子世界的不确定性和非局域性两大特征。正是这些量子特性使量子世界呈现出人们难以理解的奇奇怪怪的量子现象，帮助人们开发出服务于人类社会的量子信息技术。量子计算是这些技术中最具有颠覆性的，报告将介绍量子计算发展的状况。

杜江峰

物理学家，中国科学院院士，曾任中国科学技术大学党委常委、副校长，现任浙江大学校长、党委副书记。1969年生于江苏无锡。1985—1990年在中国科学技术大学少年班和近代物理系学习，获得学士学位。1997年和2000年分别获得中国科学技术大学理学硕士学位和理学博士学位。1990年起留校任教，2004年起任中国科学技术大学教授，同年获得国家自然科学基金委杰出青年科学基金资助，2005—2007年任德国多特蒙德大学玛丽·居里研究员，2008—2013年任教育部"长江学者奖励计划"特聘教授，2012—2018年先后任中国科学技术大学物理学院副院长、执行院长，2015年当选中国科学院院士，2018—2022年，任中国科学技术大学党委常委、副校长，2022年12月任浙江大学校长、党委副书记。主要从事量子物理及其应用的实验研究。

导　读

郭光灿：量子信息技术是人类未来新一代技术

　　量子信息是量子力学与信息科学交叉的新兴学科。量子信息技术可以突破现有信息技术的物理局限，使人类社会从经典技术时代迈入量子技术新时代。

　　中国科大郭光灿院士做《量子信息物理与技术》报告，阐述了导致量子信息技术性能超越经典技术性能的物理基础——量子世界的不确定性和非局域性两大特征。

　　郭光灿表示，正是这些量子特性，使量子世界呈现出人们难以理解的奇奇怪怪的量子现象，帮助人们开发出服务于人类社会的量子信息技术。其中，量子计算最具颠覆性。

　　量子计算机是通过将实际问题转化为量子程序，在量子芯片上通过量子信息处理方式进行计算，以得到运算结果的运算机器。郭光灿指出，相比于经典计算机，量子计算机处理数据的能力极强，将会产生颠覆性的影响。

通常来说，量子计算机需要经历量子计算机原型机、"量子霸权"、通用量子计算机三个发展阶段。郭光灿说："国际众多量子计算研发团队在量子计算机研制道路上取得新进展，但是依然没有实现通用的量子计算机。当前，我们还处于'量子霸权'阶段。"

郭光灿坦言，量子信息技术包括量子计算、量子密码、量子传感、量子模拟、量子互联网等，虽然是量子力学理论预言的产物，原理是正确的，但真正研制成实用的量子器件有一个艰难过程，非"一朝一夕"可实现。

那何时量子技术时代才真正到来？郭光灿认为，通用量子计算机得到实际应用之时，就是量子技术时代真正到来之际。一旦人类社会进入到量子技术时代，其生产力将发展到新的阶段，人类社会将会发生翻天覆地的变化。因此，量子信息技术是人类未来新一代技术。

大家下午好！首先感谢包校长的邀请，让我有机会来给大家做一个报告。1982年美国著名的物理学家费曼——他是诺贝尔奖获得者，提出一个问题：能不能用电子计算机来模拟量子世界的现象？答案是不能，原因是模拟复杂的量子现象，电子计算机所要消耗的资源随问题规模指数上升，费曼认为这个问题不可解。后来他又自己回答了这个问题。他说如果模拟的机器本身是按照量子力学的规律运行，那就可以，问题的复杂度可以随问题规模以多项式表达那就可解，这种按照量子力学规律运行的机器就是量子计算机。

费曼这个问题的提出，标志着量子信息学科的诞生。

所以我们现在认为1982年就是量子信息诞生的时间，到现在40年了，做到什么地步了？事实上已经开始从实验室走到社会应用上去了，已经从以高校研究所的基础研究为主，进入到大公司研发器件以应用为主的过渡阶段。所以人类在不久的将来要从经典技术时代进入量子时代。这个时代的年轻人需要了解量子力学，了解量子信息，关键是要提高关于量子的素质，否则不适合这个时代的要求。

我这个报告就是想提高年轻人关于量子力学、量子信息的量子素质。我相信大家以前也听过很多量子信息技术的报告，报告完了大家一定会感到量子计算机能够以指数上升的速度超越现在电子计算机的速度，量子密码能够保证信息的安全。量子信息技术非常奇特，对吧？非常优越，对吧？我今天的报告不仅要讲量子技术是怎么奇怪的，怎么独特的，还要讲它为什么会奇怪，为什么量子技术会超越经典技术，量子信息的物理讲什么，技术现在做到什么样。这就是我的报告内容。

接着我要讲这几个问题：第一是量子世界的特性。什么是特性？是它跟经典世界不同的地方，那么利用这种特性就能开发出量子信息技术，它的物理基础就是量子力学的特性。第二是量子计算机。量子计算机是所有量子技术里面最具有颠覆性的，对人类的影响是最大的。第三是量子密码，就是信息安全的问题。

一、量子世界的特性

大家都知道物理世界分两部分：一部分是经典世界，服从牛顿力学，服从麦克斯韦方程组，这个经典世界也就是我们熟知的宏观世界。

另外，100多年前科学家在对微观客体的研究中发现了另外一个世界，那个世界跟宏观世界不一样，遵从另一个定律，叫作量子力学。这个世界我们叫量子世界，这两个世界截然不同（图1）。100多年来人类就在研究量子世界怎么会跟我们不同呢，探索量子世界的奥秘。这个问题到现在还没有解决。大概在20世纪80年代，科学家说我们还不能解释它为什么这么奇怪，但我们能把它的特性开发出来，使经典世界的人可以利用，这就导致了新的量子信息技术。然后我们再拿量子信息技术来研究量子世界，现在就处在这种循环当中。

◎ 图1 经典世界与量子世界

我们从头讲起，讲两个世界：在经典世界，我们的研究客体是粒子或者波，遵从的定理是经典物理，大家很熟；在量子世界，我们的研究客体是具有波粒二象性的客体（图2）。这显然很不同，它遵从的物理就是量子力学，100多年来凡是量子力学预言的东西，全都被实验验证。

量子力学是物理学到现在最成功的理论之一。我们按照物理客体所遵从的物理理论的不同，把物理世界分成两个，一个叫经典世界，一个叫量子世界。这两个世界有什么不同？有什么特征？经典世界的特征是确定性、局域性，量子世界的特征和它正好相反，是不确定性、非局域性。

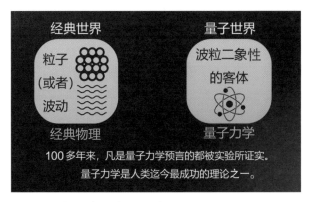

◎ 图2　经典物理与量子力学

什么是确定性和局域性（图3）？经典世界的确定性是说每一个时刻物理客体的物理量具有确定的值，比如说这个时间你在这个地方听我做报告，是确定的，你不能跑到别的地方去，所以经典世界一定是确定的。

◎ 图3　经典世界的特性

局域性这件事大家就不太熟悉了，局域性就是说物理客体的状态不会受到不与它发生相互作用的另外一个客体的影响，我们之间没有相互作用，也不接触，我就不会受你影响，大家都认为这是很自然的。

但是实际上有个类似情况，比如说两个电荷不接触，怎么会发生相互作用。后来科学家引入一个场的概念，说电荷产生了电场，电场传到另一个地方去影响那个地方的电荷，所以我就通过电场来影响你，必然还是发生相互作用了。不是没有相互作用，但这种相互作用不能超光速，就是说我产生电场传到你那不能超光速，这就是一个局域性。

还有牛顿万有引力，说月亮跟地球离得那么远，没有接触，怎么有引力？这不是非局域的吗？不是，它还是局域的，解决这个问题的是爱因斯坦。爱因斯坦在广义相对论里解决了这个问题，他说重力是通过改变空间的性质把空间弯曲了，空间弯曲了以后，另一个物体在这空间里就受到影响，它仍然是通过场来影响，所以局域性后来慢慢被所有人认识了。而且最后发现自然界4种力都满足局域性，所以局域性是经典物理世界一个非常重要的性质。这就是经典世界的两个特性。

接着，我们讲量子世界跟它恰好相反，是不确定的。什么是不确定性？量子客体就具有不确定性，在每一个时刻它的物理量不确定，物理量是概率分布的，而不是确定的值，跟经典物理不一样。而且不确定性是没法消除的，它是本质的。因为你会想起来，经典物理的统计物理也有不确定性，也有概率，对不对？但是经典物理的不确定性是可以消除的。

如果你把我们研究客体的所有的粒子的时间和坐标都搞清楚了，信息全了，那么统计概率性就能消除掉，它就变成确定性的了，但是量子不确定性是没法消除的。

所以我们说它是本质的。这是量子世界一个非常重要的特征，在实验上可以观察到它的不确定性。物理学家开始是不愿意接受的，因为它违背了因果关系和确定论，所以大家都很拒绝，然而，实际上却都证明正是如此（图4）。

⊙ 图4 "上帝掷骰子吗？"

到现在大家都接受了，只有一个人不接受——爱因斯坦。他一生都不接受这个不确定性，他反感这个概率性。他有一句名言："我不相信上帝是会用掷骰子的办法来创造世界的。"到去世的时候也不承认，但是量子世界确定是不确定的。

形象地来看，如果经典世界有一个粒子，它在哪里？它在确定的时间有确定的空间位置。但是如果那个空间有一个量子，量子可能是光子，可能是电子，不管怎么样它是波粒二象性的粒子，那么我问这个时间它在空间哪个地方，量子力学就告诉你，它在空间哪个地方都可能有概率分布，在整个空间内它的位置是概率分布的，这就是不确定性（图5）。

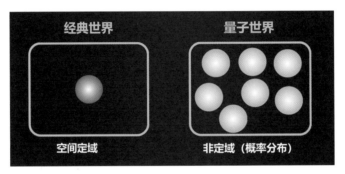

◎ 图5　空间位置的不确定性

如果一个人从合肥到北京，他可以坐高铁，可以坐飞机，对吧？他过去以后你问他是怎么来的，他说我买高铁票，我是从高铁这条路来的，所以经典的运行的轨迹就确定了，他就选几种可能当中的一种过去了。但是量子就不是那样子，我到北京去了，我是两条路一块来的，我不走一条路，因为我有个特性，我的路径是不确定的，物理量不确定，所以我是两条路一块来的（图6）。

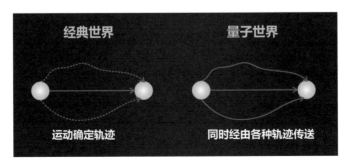

◎ 图6　运动轨迹的不确定性

这有点像地上滑雪的痕迹。你看这痕迹到了大树旁边，两边都有痕迹，那边那个人回过头问："这个家伙刚才是怎么走过去的？"（图7）经典世界的人只能走一边，人怎么能两边一块走呢？那个人是那样子的，我就应该这么走。我不能走一边，我两边一块走，这就是不确定性。

○ 图7 "量子"滑雪

当你承认量子世界的特征是不确定性时，你就能理解这个现象。你要坚持经典世界的确定性，你就没法理解这个状态，那么这就导致了一个非常有趣的量子世界都有的叠加原理：如果一个粒子有4种可能的状态，在经典世界一个时间就有一种确定的状态，所以状态是确定的。

但是如果是一个量子有4种可能的状态，那么现在问相应的时间它在哪个状态？它不确定，量子力学说不确定，那到底它在哪？它说你把4种状态加起来的那个状态，就是它的状态，这个叫叠加原理（图8）。叠加原理就来自于不确定性，给定一个量子体系，可能有 N 种可能的状态，那么量子体系处在什么状态？

将所有可能的状态按一种权重叠加以后那个状态就是它的状态。所以这就是量子世界非常著名的区别于经典世界的叠加原理（图9）。我们从信息角度来看，信息的单元——在经典世界里我们说话什么的都是信息——就是确定的0或者1，一定是确定的。

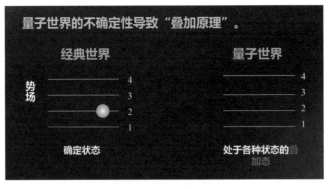

◎ 图8　量子叠加

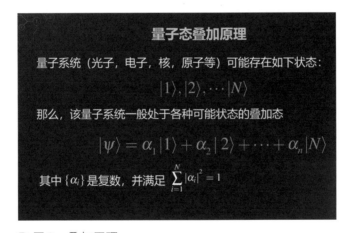

◎ 图9　叠加原理

　　经典信息实际上是二进制的数码时代，01串代表了经典信息，所以经典信息是确定的。量子信息是不确定的，因为它不是0，也不是1，处在什么态呢？0和1的叠加态，所以这个态不是0，也不是1，是两个叠加，这个态就叫量子比特（图10）。

　　量子比特就是量子信息的基本单元，不管是量子信息的传输，还是处理，其实都是处理量子比特。这个信息是量子态，是量子比特。量子态不同了，它携带的信息就不同。那么信息的载体是什么？载体是光子、电子、离子，凡是波粒二象性的客体，都可以作为量子信息的载体。不同的载体只要量子态相同了，我就说它的量子信息相同，这就可以让我们把量子信息从这个客体转换到那个客体。

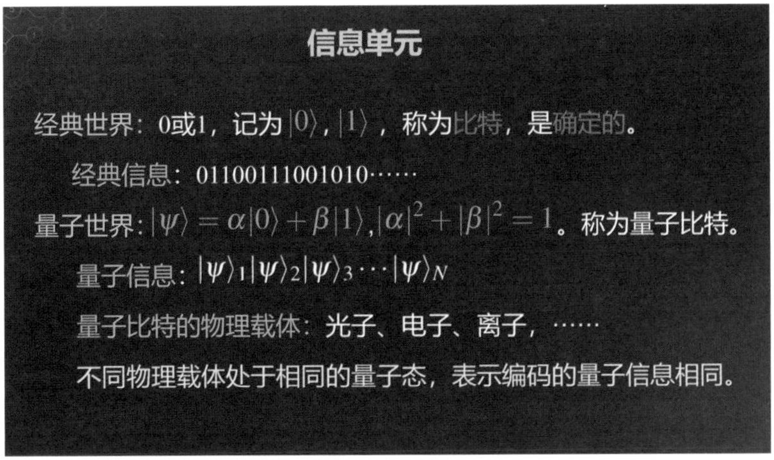

信息单元

经典世界：0或1，记为 $|0\rangle$，$|1\rangle$，称为**比特**，是确定的。

经典信息：01100111001010……

量子世界：$|\psi\rangle = \alpha|0\rangle + \beta|1\rangle$，$|\alpha|^2 + |\beta|^2 = 1$。称为**量子比特**。

量子信息：$|\psi\rangle_1 |\psi\rangle_2 |\psi\rangle_3 \cdots |\psi\rangle_N$

量子比特的物理载体：光子、电子、离子，……

不同物理载体处于相同的量子态，表示编码的量子信息相同。

◎ 图10　经典比特与量子比特

那么现在问题来了，经典世界的人只能识别确定性的信息0和1，现在量子比特是不确定的东西，你用不确定的东西来表示确定性的信息，这怎么表示？当我们说不确定性，我们指的是物理量不确定，所以我不能用一个客体的物理量来代表0和1，因为它不确定。

但是量子世界也有确定的东西，量子态是确定的。一个客体的量子态在某个时间是确定的，量子态确定了，量子态包含了这个客体的所有物理性质——我可以算出来的物理性质。所以物理量是不确定的，概率分布的。我现在就拿量子态来代表经典世界确定性的信息，比如说量子密码，量子密码我要传的是密钥，密钥是01的随机数，这是确定的，用量子态怎么表示它？

我们假定圆偏振光是个态，代表1，线偏振光代表0。那么我要传一个密钥，像0011这样的密钥，我就用量子态来表示，那么我制备一系列的光子，第一个用线偏光，第二个线偏光，第三个就变圆偏光。所以爱丽丝把不同量子态的光子传到鲍勃那里去，对方就要识别你这个光子到底是什么样子的。他就测量并识别出来了，就可以把它翻译成为0101，对吧？这个就是用量子态来代表01随机数。你就说多此一举，干吗不把随机数直接传过去呢？干吗变成量子态呢？因为你传过去中间有人窃听，可以听到，会偷到你的01信息，然后造出一个模仿的信息再传到鲍勃那里去，爱丽丝和鲍勃就不知道中间有人窃听。

所以，直接传随机数，安全性就有问题，用量子态不会出现这个问题。

因为中间窃听人要知道来的光子处在什么态，圆偏光还是线偏光，他要测量，测量就要干扰，可能把原来圆的变成线的，或者线的变成圆的，然后再模仿一个光子送到鲍勃那里去。这样鲍勃拿到量子态序列，跟爱丽丝发出来的那种态都不一样，所以两边做对比，抽样比对，发现误码率非常高，中间肯定有人窃听，就说密钥传输不安全，有人窃听我们，一直到两边都相同，就没有人窃听，安全了。我们就用量子态来传密钥，它的道理就是一旦态被克隆，有测量就会有破坏，所以它的功效就是有人窃听时我就能发现，在传统经典的随机数传输中没法发现窃听，这就使安全性提高，这就是量子密码的原理（图11）。

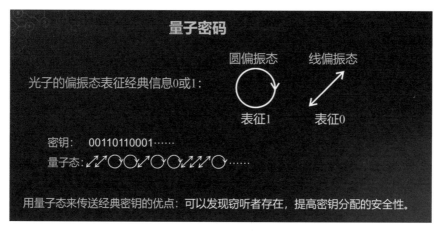

◎ 图11　量子密码

那么计算或者信息处理，用量子态有什么好处呢？有好处。比如说我们有一个电子芯片，有N个晶体管，就有N个比特，每一个比特都是确定的，所以一个位上也是一个比特，像0101串，所以一个比特的电子芯片存储的信息就是一个数据，对吧？因为它都确定了，量子就不一样。

假如有N个量子比特的芯片，每一个都不确定，1个量子比特可以同时有0和1，2个它就有4个数，那么一个芯片就可能存储2的N次方个数据，所以量子芯片存储的数据是经典芯片的2的N次方倍，存储数据能力根据N指数上升，这就是量子不确定性带来的好处。

那么我的计算就是信息处理。我做算法。

我搞得好的指令对芯片作用一次。如果是电子芯片，作用一次就是把它的一个数变成另一个数，再作用一次再变成另外一个数，这样叫做串行运算。这是我们电子计算机的运行模式。

量子计算机来了，它同时存了2的N次方个数据，我对它操作一次，原则上说可以把2的N次方个数据变成另外的2的N次方个数据，所以操作一次相当于电子计算机要操作2的N次方次。

并行运算的速度就很快。如果把N个量子比特的芯片作为一个系统，那么用量子力学去描述，这个系统的状态实际上是2的N次方维的希尔伯特空间中的一个矢量。比如开始的状态为Ψ_0，然后操作一次它的状态变了，它转动到Ψ_1（图12），另外一个地方，到最后都操作完了，得到一个终态，终态就是你计算的结果，所以你计算的结果在量子态中。但是我们只能知道经典信息，这个量子态是量子信息，我没办法看到它到底是什么，必须进行测量（图13）。测量会使量子态塌缩，塌缩了一次可能塌缩到这个地方，如果同样做第二次，可能塌缩到那边，所以它含有的信息是不确定的，是概率分布的，这就是量子物理学家很头疼的事。

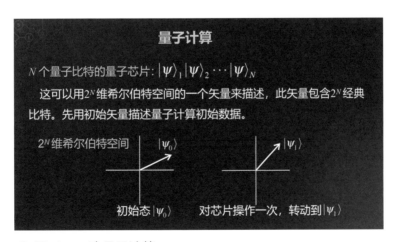

◎ 图12　一次量子计算

量子计算机有并行运算能力，但我不知道怎么从终态把有用的信息提取出来，我要提取多少次，我还不知道哪一个是对的，对吧？

物理学家的烦恼被一个叫Shor的数学家给解决了，他提出了一个算法叫

Shor算法。利用这个算法操作量子计算机终态，就是说测量一次，可以得到你所需要的答案。所以Shor算法是革命性的，它解决了物理学家不知道怎么把信息提取出来的问题。

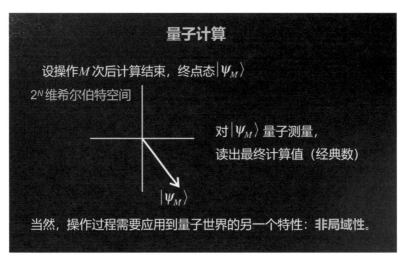

◎ 图13　量子测量

这个Shor算法怎么那么奇怪呢？Shor用到量子世界另外一个非常重要的特征，叫作非局域性，他用了量子纠缠。它可能让量子计算机实际运用，所以我们要讲量子世界的第二个特征——非局域性。

我们再回顾一下非局域性和局域性：局域性，没有接触，我就不受你影响；非局域性是我们俩没有相互作用，仍然可能他影响我、我影响他，这件事情是很难理解的。人类理解自然界是非常艰苦的，一步一步往下走，走了90年，我们才搞清量子世界的第二个特征叫非局域性。

最早1927年爱因斯坦提出量子世界一定有这个性质，它是很奇怪且特殊的超距作用。然后爱尔斯坦跟玻尔争论，到了1935年提出一个佯谬。这个问题挑明了，提出来以后争论不休，最后有哲学的味道，很多人就没兴趣了。

所以，没人理会到底谁对谁不对。过了30年，贝尔——爱因斯坦的"粉丝"，他相信爱因斯坦比玻尔聪明。

他认为爱因斯坦是对的，所以他就开始重新研究，提出了贝尔定理，利用贝尔定理可以在实验上证明谁是谁非。他虽然在理论上提出来，实际上证明又过了几十年，到1982年第一个实验做成了，到2015年没有漏洞的贝尔不等式违背才现场做出来，所以前后花了将近90年的时间人类认识到非局域性，那么我把最重要的几个节点告诉大家。非局域性的第一次提出是因为爱因斯坦和玻尔在1927年第五届索维尔会议上的争论，这次会议实际上是在量子力学建立起来的第三年召开的，当时大家对量子力学还很陌生。

○ 图14　第五届索维尔会议合影

因为还有争论，所以这次会议找了29个当时世界上一流的科学家，里面有17个诺贝尔奖获得者。这是一次举世瞩目的会议，坐在第一排中间的是爱因斯坦，玻尔就在旁边。他们两个争论什么？爱因斯坦提出一个问题：按量子力学的理解，一定存在一个特殊的超距作用。他最早提出一个特殊的非局域性相互作用，但是玻尔和其他人都不懂得爱因斯坦到底在说什么，物理是什么，听不懂就没法争论。

所以整个会场的争论变成按玻尔设计的方向走，而让爱因斯坦掉进"陷阱"里，爱因斯坦的论述变成挑战海森伯不确定性关系——动量跟位置的不确定性。他提出一个实验，说这个实验证明不确定性原理是不对的，后来玻尔把它反驳了，所以这次争论的结果是爱因斯坦输了。

过了3年，爱因斯坦做了充分的准备，提出了一个光子箱的实验，也是一个理想实验。这个实验想挑战能量和时间的不确定性，最后还是被玻尔所反驳。所以两次都错了。一些人就说爱因斯坦这么"牛"的人都挑不出毛病，所以他们就宣布量子力学胜利了。但是爱因斯坦并不同意，他又想了一个办法，"我老想挑战它的逻辑性对不对，有没有漏洞，理论有没有漏洞，发现没有漏洞，作为一个理论体系它是完整的"，改变策略来挑战量子力学的完备性。什么叫一个理论的完备性？

所有的现实的物理现象都得有办法描述，如果有一个现象没法描述，说明这个理论是不完备的，不足以描述整个客观世界的现象，这个叫不完备性。

爱因斯坦就提出了一个实验，这个实验用来挑战玻尔的量子力学（图15）。

◎ 图15　EPR伴谬论文

我们来看一看这个实验到底是什么，它很容易理解。现在实验室来做这件事都是很容易的。一束激光通到非线性晶体产生一对光子，A和B同时产生，那么这个过程要满足物理守恒定律的要求，A和B两个的自旋的方向要相反，单个A的自旋和单个B的自旋是不确定的，但是不管确不确定，两个加起来，A和B作为一个系统，它应该等于0（图16）。

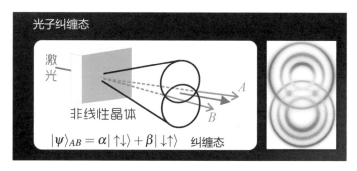

◎ 图16　光子纠缠态制备

　　所以这个过程要求 A、B 的自旋方向相反，那么自旋方向相反有几种可能？只有两种可能，一种 A 向上，B 向下，一种 A 向下，B 向上，对吧？这两种可能都是确定的。根据量子力学的叠加原理，就把这两种可能状态加起来，A、B 产生以后它的状态就叫纠缠态，纠缠就是这样来的。

　　我们实际上产生的一对光子是纠缠对，就可以开始做实验了。把 A 放到地球，B 放到月球，为什么放那么远？放那么远就没有相互作用，就应该保持局域性，对不对？大家已经公认的了。

　　如果我在地球上测量 A，发现它的自旋向上，月球上的 B 不用测量，它一定自旋向下，为什么？因为我们说好了，它们两个方向相反。大家都知道 A 向下，B 就向上，A 向上，B 就向下。爱因斯坦就说，B 在月球上那么远，B 怎么知道 A 已经被测量了，而且测量结果是向上，它怎么能知道马上就发生变化，这是超光速的（图17）。

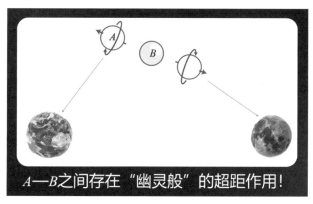

◎ 图17　"幽灵般"的超距作用

测量 A 导致 B 结果发生变化了。既然引起后果，一定有什么作用过去了，总之是超光速了，这不可能。不可能超光速，爱因斯坦的相对论不允许超光速，现在超光速了，除非这是幽灵。不管物理定律怎么样，它为所欲为，只有幽灵才可以。

于是他提出这叫"幽灵般"的超距作用，幽灵就是这么出来的（图18）。说量子就会产生一个幽灵，那么爱因斯坦就说超光速幽灵根本不存在，我们刚刚推导的那一系列都是按照量子力学来的，推导出一个不存在的幽灵，说明这个理论不足以描述物理实在，应该是不完备的。

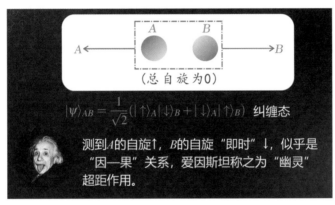

◎ 图18 测量纠缠态

爱因斯坦认为应该找到一个更完备的理论，把这些现象都描述清楚了，这个理论叫隐参数理论，也就是说量子力学参数不够，如果从量子力学之外加一些参数，就能把它的状态完全确定了，不确定性也没了，幽灵也不存在了，那么一切就打通了，所以他们两个的争论最后变成究竟是隐参数理论对还是量子力学对，然后两个就争论对世界怎么看。当时物理学家就没兴趣，他们说吵来吵去也说不清，谁赢谁输都不知道，所以就放了30年没人管，这件事没人讨论。

30年后贝尔——爱因斯坦的"粉丝"出来了，他重新研究EPR实验（图19）。他怎么研究？他提出假定，核心的假定有两个：第一个是局域性，4种力都是局域性的，所以叫局域性；第二个是实在性，就是我们人类以外有个客观存在的客体。再来看EPR实验的整个过程，他推出了一个不等式，叫贝尔不等式，如果贝尔不等式成立的话，那么隐参数理论就成立了。

◎ 图19　贝尔

如果你在实验上看到贝尔不等式被违背，爱因斯坦就错了，隐参数理论就不存在，量子力学就是完备的，没有不完备。

后来到2015年，无漏洞贝尔不等式被违背，在实验上做成了，那么证明了什么？证明前提或者假定出毛病了，两个假定中一个是局域性，一个是实在性（图20），如果实在性没有问题，有问题的就是局域性（图21）。非局域性危机就是说两个虽然没有相互作用，但是仍然可以相互影响。

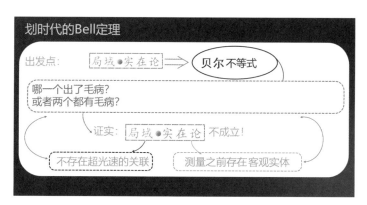

◎ 图20　贝尔定理的意义

最后得到一个很重要的定理叫贝尔定理。贝尔定理就是说量子世界肯定存在非局域性。到这里以后，我们说问题就解决了。回过头来看看，幽灵是怎么

来的？你说这个量子力学是完备的，为什么导出一个幽灵，幽灵是怎么回事？实际上对于 A 和 B，A 先测量了，B 马上变化，B 测量了，A 马上变化。两者之间没有任何信息的传递，就谈不上什么超光速。

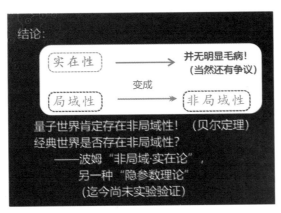

◎ 图21　非局域性

我们说的超光速问题是指信息传递不能超光速，根本不传递任何信息就不存在超光速问题。所以，这里没有超光速的信息传递，而是一个关联（图22）。我开始的时候要求 A 和 B 的总自旋等于0，就是物理上的要求，导致非局域性的产生。再来看看，局域性、非局域性又能产生让人非常难以理解的问题。

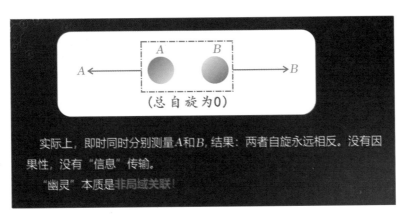

◎ 图22　"幽灵"的本质

我们讲的是空间的非局域性，还有时间的非局域性和时空的非局域性，有非常多的人还在研究。我就经常做一个比喻，有助于理解非局域性，比如说母亲在合肥，女儿在深圳，女儿生孩子的瞬间——孩子生出来的那一瞬间，在合肥的母亲就自动变成外婆，这件事情是同时产生的，这就是非局域性，就是EPR佯谬，对吧？

因为她女儿的身份发生变化了，女儿变成母亲了，母亲的身份也同时发生变化，尽管母亲并不知道自己的女儿生孩子了，女儿还没有把生孩子的消息传过来，这两件事却同时发生了。瞬时发生是关联来的，什么关联？母女身份的关联，导致这件事情瞬时发生。所以量子纠缠也是一个量子关联，导致了一个幽灵就这么产生出来。我们现在搞清楚了，量子世界有不确定性和非局域性，统统叫量子特性，然后就有因为量子特性而诞生的量子信息。直接运用量子特性来开拓量子信息技术，我们把这个称为第二次量子革命。

量子力学诞生以后，我们也开发出好多新的技术，比如手机、电脑、互联网等也是来源于量子的，但是器件本身是经典的，这叫第一次量子革命。第二次量子革命开发出来的是量子器件，量子计算机、量子传感是量子力学预言出来的，这种技术本身还要服从量子力学，这就构成了量子信息。

量子信息就是下一代信息技术，我们这讲的是物理。

二、量子计算机

然后我们再讲第二个问题——量子计算机。量子计算机就是利用刚刚说的量子特性：（1）不确定性，让它有并行处理的能力；（2）量子纠缠，是非局域性。把它们开发出来，充分地利用量子特性，就构成了量子计算机。量子计算机和电子计算机一样，用它来算题是一模一样的，你要输入数据，最后输出也要数据，输入数据跟输出数据都是经典的，否则人就没法识别。中间不同，中间是有量子的器件，比如说我们要算一个问题，你先要找量子算法，用这个算法来算这个问题就变成量子编程，编程产生一系列的指令，指令在量子芯片上进行操作，它会并行操作，操作完了以后得到末态，末态就是你运算的结果，然后取出信息要做量子测量，得到一个结果（图23）。

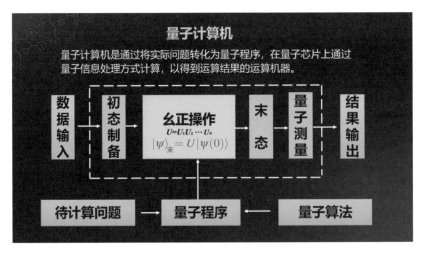

◎ 图23　量子计算的逻辑结构

所以你将来用量子计算机，只需用你自己的电脑就可以了。你在电脑旁边把你要解决问题的数据输进去，然后送到量子计算机，里面装的量子软件就会把你的问题变成量子算法，量子算法变成量子编程，编程就是产生一系列的指令，指令就进入大量的计算机控制芯片运行的控制系统，控制系统就按照这个指令作用到量子芯片上，作用完了以后就把测量的结果返回到你的电脑上，将来量子计算机就这么运行（图24）。量子计算机跟电子计算机是不同载体的，不同物理载体指什么呢？

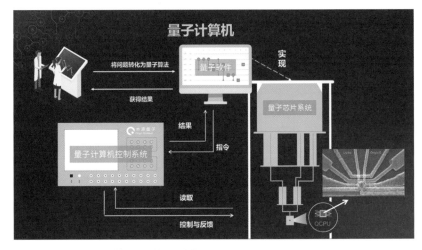

◎ 图24　量子计算机的体系结构

电子计算机的信息单元是0或1，是确定的，我们用晶体管通代表1，不通代表0，是吧？我们考虑一个客体的量子态，比如电子的量子态，可以自旋向上也可以向下，向上代表1，向下代表0，它的状态是量子比特，是0和1的叠加，控制这个就是控制1个量子比特，然后就变成芯片，变成量子计算机，所有的思路跟经典计算机都是一样的。不同的是，代表信息的单元不同，经典的是0和1，量子的是量子比特，那么这样做的好处是算力指数增长，因为是并行运算，所以速度很快（图25）。量子计算机处理数据的能力同电子计算机相比，相当于电子计算机的能力和算盘相比，人类社会从算盘的时代到现在的电子计算时代，发生了翻天覆地的变化。

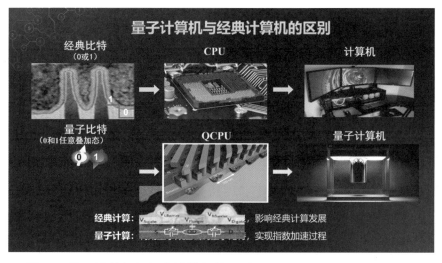

◎ 图25　量子计算机与经典计算机的区别

从电子计算机发展到量子计算机，又将发生翻天覆地的变化，所以我们说量子计算机将来会在人类社会产生一个颠覆性的影响。那么量子计算机做成，做到有用，需要做4个部分。第一做量子芯片。第二做控制系统，怎么操作那个系统。第三做软件，需要操作系统、软件算法等等。第四做云计算的服务。只有这几个方面都做了，最后才能做成有用的量子计算机。

1982年人们就已经开始知道量子计算机，20世纪90年代说量子计算机有用，可是到现在还没有搞出来。原因在哪里？原因是有个很严重的问题：量子计算机是一个宏观的量子体系，它的优点在量子特性，而量子特性实际上非常脆弱，在宏观的条件下量子特性会被破坏掉。辛辛苦苦制造了一个量子计算机，破坏以后它的量子特性消失，这叫经典了，所以做不出来。

比如说超导量子计算。开始的时候，1999年，超导的相干时间也就是保持量子性能的时间是两个纳秒，两个纳秒非常短，我操作多少次才能算一个题，我一个题还没算完，它"死"掉了。

大家看到没希望，这种体系不可能做量子计算机，所以科学家就开始提高超导的量子相干时间，花了13年的时间，把相干时间从两个纳秒提高到100个微秒（图26）。100个微秒你看是很短，但是在微观世界里是很长的，把相干时间除以每次操作所需要的时间，这个叫作在相干时间里能操作多少次。

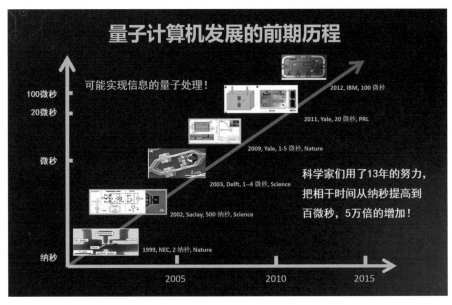

◎ 图26　量子计算机发展的前期历程

如果能超过1万次，我就说有解题的可能性，解一个题起码要1万次，而解题完了你死掉就死掉。所以相干时间到了100微秒，马上引起很多公司的兴趣，现在就可能实现信息的量子处理。从2012年开始，整个学术界就开始研究量子计算机，尤其是美国的大公司开始从事量子计算机的实际研究。

说一下几个突出的成果。我认为第一个重要进展是2016年IBM公司在线上搞了一个5量子比特的量子计算机（图27）。然后全世界所有用户都可以从互联网联机去用，这是一个可以处理数据的真实可操作的量子计算机，用的人达到了几十万人。

◎ 图27　IBM量子计算机在线平台

第二个重要进展是2019年IBM推出一个商用的量子计算机（图28）。

◎ 图28　IMB商用量子计算机

第三个重要进展是2019年后半年谷歌做了一个量子计算机，用53个量子比特去算一个特定的问题，这个特定问题它花很短的时间，但是用超级计算机要

算很长的时间（图29）。这个问题它用3分20秒就算出来了，然后超级计算机要1万年，所以谷歌就宣布量子计算机做到了，其处理速度是所有超算中心没法比的。

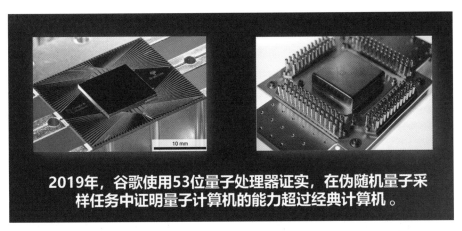

2019年，谷歌使用53位量子处理器证实，在伪随机量子采样任务中证明量子计算机的能力超过经典计算机。

◎ 图29　量子优越性

因此谷歌说量子霸权实现了，我们现在叫量子优越性（图30）。这一工作在*Nature*上发表，引起了全世界各个国家的重视，所以量子计算机已经到了可以超越电子计算机超算中心的能力了，应该可以用。

量子 霸权

2019年9月底，谷歌内部研究披露

其研发的量子计算机Sycamore成功地在3分20秒内

完成现今最先进的传统超算机Summit需要1万年处理的问题

谷歌声称这在全球首次实现"量子霸权"

◎ 图30　"量子霸权"

所以现在世界上各个国家没有不参加这个工作的了，各个工业巨头都在搞量子计算机，有的搞超导，有的搞半导体，还有的搞离子阱（图31）。

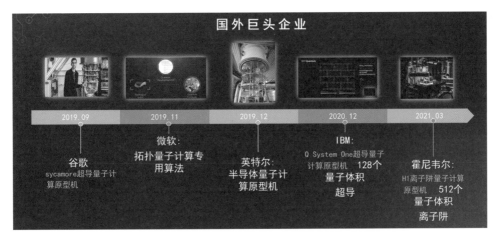

◎ 图31　国外量子企业

公司一投入以后，量子计算机的研究进展就非常快，因为公司有雄厚的物力、人力和财力，而且目标很清楚，要赶快做出可以用的量子计算机占领市场，所以速度非常快。

这就是为什么这几年量子计算机的发展每年在国际上都有新闻。国内第一家量子计算机公司是本源，他们从一期开始就是全栈式的，从量子语言，他们叫熊猫量子语言，然后是量子芯片、量子操作系统和应用，全面都做起来。

国内还有其他大公司，像阿里巴巴、百度、华为，他们做的是软件，做硬件的很少，所以能够从硬件开始来造量子计算机的就很少（图32）。

在量子霸权出来以后，几乎所有国家都赶快投钱到量子计算机研发中。量子计算机已经形成了一个不做一定落后的状况，所以大家都在做。

目前世界上已经有100多个国家在搞量子计算机。全世界几乎所有国家都在搞量子计算机，量子计算机现在达到什么状态了？

第一，从单一的量子芯片研究到实际应用上的软件硬件服务平台，都要全面搞。

第二，从高校研究所的基础研究发展到以企业为主的研发，然后到市场。

第三，量子计算机的进展，带领了很多相关企业发展。

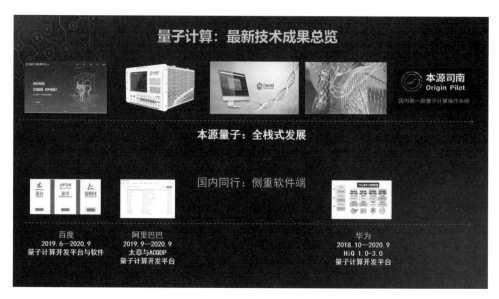

◎ 图32　国内量子企业

量子计算机的发展分成三阶段。第一阶段是原型机，就是能拿出来卖，能够做成机器卖到别的地方去，要把所有操作系统全都扔在一个机器里，就像我们电子计算机的电脑一样。2019年IBM做到了，本源在2020年做到了，IBM用20个量子比特做成第一台量子计算机，现在已经发展到50个量子比特。更多量子比特的已经有30多台，在市场上被各个公司使用。

这个阶段的特点是量子比特数比较少，功能不强，应用有限，但是它是地地道道的量子处理器，因为它是按照量子规律来运行的，就是费曼当初提出来按量子规律运行的一个处理器，而且已经有了商品，第一阶段办到了。

第二阶段就是量子霸权做到了之后，这时候量子比特数大概为100，它的运算能力可以超过所有超算的运算能力，但是它没有容纠错，要确保它的相干时间足够长，它只能处理一些特殊的问题。这个特殊问题的处理不要太复杂，要在现有的相干时间内就能完成。如果超过时间必须用纠错、容错这样的技术，现阶段还没用，所以现在我们发展到量子霸权的阶段。那么，最终的目标是通用机。通用机可以使我们在量子计算机上解所有可能的问题，你所要解的问题都可以（图33）。

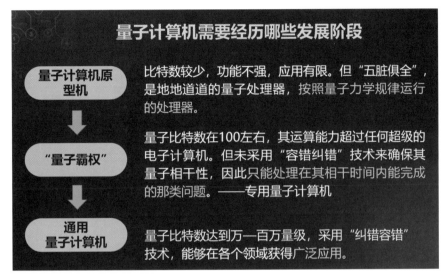

◎ 图33　量子计算机的发展阶段

这就要满足两个条件，第一量子比特数不能只有100，而要有100万量级的量子比特。

第二要保证相干时间足够长，再复杂的问题都能算完，这就要把纠错、容错技术用上去。现在从量子霸权到通用机大概要多少年？10～15年，这个是现在的规划。现在就处在量子霸权阶段，你如果问量子霸权阶段能不能应用量子计算机，是不是要等通用机做好了才拿到市场上去卖？不是的，量子计算现在有一个很大的、很有趣的发展模式，就是到霸权阶段，用量子计算机单独来完成任务是很难的，但是如果把有霸权能力的量子计算机和经典算法的机器联合起来搞成一个经典-量子混合算法，它可以大大提高原来的运算速度。

现在所有公司感兴趣的是量子计算机，虽然没有做到通用，但还可以用。这就是很多大公司要先把量子计算机用到行业里去的原因。

第一台量子计算机卖出去是在2019年。本源在2020年卖出第一台，用24个量子比特，用到正式的场合。它跟超算中心结合起来，来加快运算速度。现在我们再提供它60个量子比特，当然速度更快，所以量子计算已经到了开始实用这样一个阶段，但是通用机还没达到（图34）。困难在哪？有两个困难：第一个

就是刚刚说的相干时间，因为是宏观的，所以相干时间很短，你要解决这个问题。第二个是我们人类对量子世界的操控能力还是很有限的，我们经典操控非常厉害，到火星上做什么事都可以操控它，无人机都可以操控得非常精确，但人类对量子世界的操控还只是刚开始。2012年授予两位科学家诺贝尔奖，就是因为他们对单个粒子操控得非常精确。

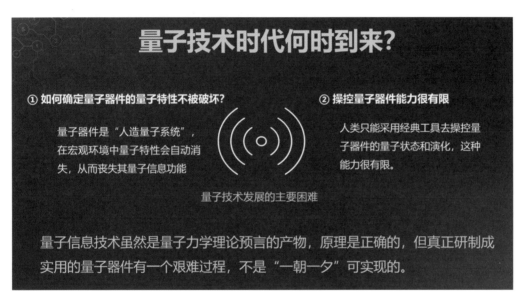

◎ 图34　量子技术时代何时到来？

现在我们要操控多少？量子通用机出来以后要有100万个量子比特，要精确操控每一个量子比特，任何两个都要纠缠起来。这种能力没有达到，所以量子通用计算机有两大困难。我们还要花相当长的时间来做，但是肯定能做成。

稍微介绍一下本源现在做到了什么地步（图35）。本源是国内第一个做成量子计算机的公司。在2017年它就开始搞一个编程语言，这个语言叫熊猫量子语言。

然后到2020年，上线了6个量子比特（图36）。2016年，IBM是5个量子比特，到全世界用，我们6个量子比特上去，全世界也可以用，对吧？然后是操作系统，我们把它整台化，今年有两台量子计算机就要上线了（图37）。他们做了一系列工作，每年都有新的发展。

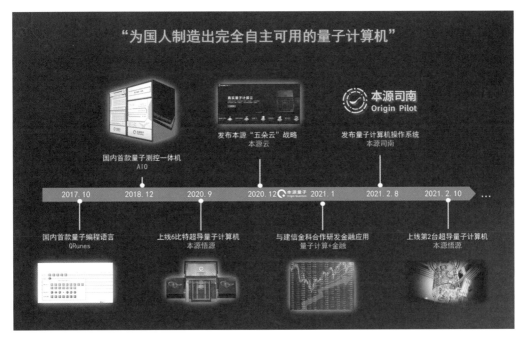

◎ 图35　本源公司的量子计算发展历程

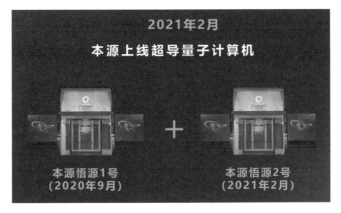

◎ 图36　本源超导量子计算机

　　本源专利在全世界评比中排在第七位，这是美国人统计的。这是国内唯一进入前10位的公司（表1）。关于硬件刚刚讲有两台机器在线上，任何人都可以通过终端上去，一个是24个量子比特的，可以在个人的终端机上登录平台，在那个平台上你真是用量子计算机进行解题或者做游戏，或者你要熟悉一下量子计算机是怎么操作的，这是免费的。

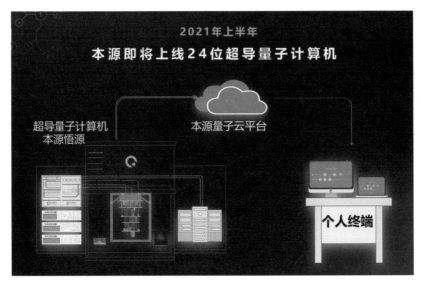

◎ 图37　本源量子计算机上线

◎ 表1　量子计算企业专利排名

排名	企业简称	国家/组织/地区	截至2020年9月30日在全球公开的 量子计算技术发明专利申请量/件
1	IBM	美国	554
24	D-Ware	加拿大	430
3	Google	美国	372
4	Microsoft	美国	262
5	Northrop Grumman	美国	248
6	Intel	美国	152
7	**本源量子**	**中国**	**77**
8	NSI	澳大利亚	76
9	Rigetti	美国	67
10	Toshiba	日本	67

　　这就是本源的量子计算机的外形，这是里面的接线，非常复杂（图38）。接线干吗？外面要操控，通过线操控在低温里面的量子芯片。这是最核心的24个

量子比特的芯片，这个芯片马上就要发展到60个量子比特（图39）。控制系统在实验室里可以放到很多地方，一个控制台。我们做商品，它要能作为整机送走，所以我们把所有部分搞成测控一体机——能够操控32个量子比特的一个操控机。

（a）外形　　　　　　　　　　　　（b）内部接线

◎ 图38　本源量子计算机

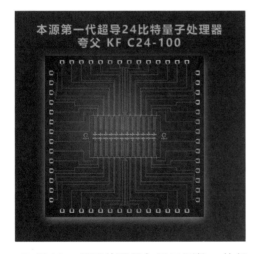

◎ 图39　量子处理器与量子测控一体机

电子计算机也要软件，要Windows来做操作系统。本源做了一个叫本源司南的操作系统，这是国内第一个量子操作系统（图40）。这个操作系统在世界上是第三家，前面已经有两家公司研发了量子操作系统。所有人都知道量子计算机将来的市场除了硬件，还要有操作系统、语言和算法，对吗？所以都得发展。

◎ 图40 本源司南操作系统

国外抢先做了两个，但是我们实际上很多性能比国外的要好（图41）。再说应用，本源跟江苏、浙江100家公司，金融的、大数据的、化学的、药品制造的，联合起来，用我们的量子计算机跟他们现在需要的运算结合，提高他们的速度，现在已经开始做了（图42）。

量子计算机操作系统 中国首款:本源司南 Origin Pilot				
操作系统指标	经典计算 OS	Deltaflow OS	Parity OS	本源司南
多任务并行计算	😊	😞	😞	😊
多任务调度	😊	😊	😊	😊
计算资源及存储资源管理	😊	😞	😞	😊
设备状态管理	😊	😞	😞	😊
量子资源调度	😞	😞	😊	😊
量子程序编译优化	😞	😊	😊	😊
多后端支持	😞	😊	😊	😊
操作系统GUI支持	😊	😊	😊	😊

◎ 图41 量子计算机操作系统的性能

比如说中国建设银行北京分行就搞了一个量子的金融中心。在金融上碰到的一些问题，通过建立一个模型可以很快算出来，这样可以抢时间，帮助他们进行风险评估等。

那么量子计算机到底有什么用？用途非常广，比如信息安全、大数据、化学、生物制药、金融工程、智能制造等，所有这些领域都可以用到量子计算机（图43）。

◎ 图42　本源量子计算产业联盟

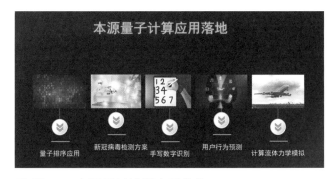

◎ 图43　本源量子计算应用落地

举个例子——破解密码，大数分解这样一个公开密钥，电子计算机就没法破解，你要把一个数分成两个数，这件事情是一个指数上升的复杂度，所以破解不了。

如果有一个129位这样的大数要分解，用电子计算机超算中心来做，1600个超级计算机，做8个月才能分解出来。不是不能分解，要花好大代价，等你这个代价花完了，密码保密的东西也不保密了，公开了，对吧？但是用一个2000位量子比特的量子计算机一秒钟就可以破了。而且数学上证明现在所用的公开密钥，等量子计算机到了通用机时代，你就可以破它，全都破了，所以美国就在改变他们的保密方式。

在这个领域，国内外都在用各种密钥，各种对称、非对称的密码，这些都可以用量子计算来破解。还有大数据公司可以用量子计算机，它对于用大数据

处理药物的生产也是很有用的。

一个新药产生，要先在计算机上进行模拟，模拟各种原子的配置，这样或者那样做效果更好，模拟完了再实际生产，所有的药都是这样。但是随着原子数增加，分子增大，那么所需要的计算时间就呈指数上升，制造一款新药要花很长的时间。如果有个量子计算机来计算，计算时间是呈多项式上升的，所以很快就能算出来。

还有机器学习、金融工程等，我就不多讲了。量子计算机现在已经到了可以实际应用的阶段，但还不是最终的应用，要跟超算中心结合。现在好几个超算中心建的时候，都把量子计算机作为它的一种辅助手段一块建，使得它的计算能力大大增强，这叫量子增强阶段。

三、量子技术时代的信息安全

我们下面再讲第三个问题——量子技术时代的信息安全，就是保密的问题（图44）。通常保密通信就是这样一个图，数码时代你要传送的信息就是明文，送到加密机加密，然后来一个密钥，这个密钥有公开密钥和私人密钥两种可能，通过密钥将明文在加密机中用一种算法弄成密文。

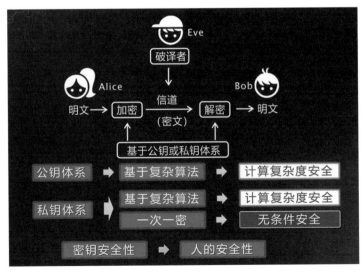

◎ 图44　基于公钥或私钥的保密通信

密文在公开场合下传送到对方，对方也拿一个密钥来解密，那就把明文从密文里面取出来了，这就是现在保密通信的原型，不管用什么方式都是这样。

如果有人窃听密文，大家都能拿到。那么安全不安全就取决于中间你拿到密文以后能不能把他的明文给取出来。你能够取出明文，密码就不安全了，是吧？那么现在的保密过程到底安全不安全？我们来看看。现在有两种体系，一个叫公钥体系，公钥体系是加密的，是公开的，大家都可以查得到。但是私钥是不公开的，只有鲍勃一个人知道，叫作非对称密钥。

这个安全性取决于像大数分解这种数学难题的计算复杂度。对称密钥有个私钥，两边的密钥相同就叫对称密钥，对称密钥也有算法，它的安全性也是靠计算复杂度，所以这两种类型都靠计算复杂度来保证它的安全性。

那么现在量子计算机出来了，量子计算机的计算能力很强，所以凡是靠计算复杂度来保证安全的这些密钥体系，都会受到挑战，都会受到攻击，密钥全都被破了。

还有一种叫私钥体系，加密的办法叫一次一密。一次一密是说，密钥的长度跟密文的长度一样长，密钥只用一次，不重复用，知道吗？这种加密没法破了。量子计算机也没法破它。要做到一次一密无法破解，要保证密钥本身安全，密钥本身不安全了，我一样破。虽然一次一密，没法直接从密文破解出明文，但是有了密钥就能很快破解，所以它的关键问题是密钥的安全性要保证。

那么密钥的安全性能不能保证？安全性现在保证不了，现在所有密钥的传递、分配都靠人工，所以是不可靠的。

物理学家就提出来，有没有办法保证这种一次一密的密钥绝对安全？因为在量子技术时代里要保证信息安全、密钥安全，一定要一次一密。

物理学家针对这个问题提出一种量子密钥，量子密钥的核心就是它的安全性不依赖于计算的复杂度，所以计算机攻不破，也不依赖于人的可靠性，所以人也破不了，它依赖于量子力学的正确性。

利用量子力学原理来做出一个保密的方式，这个方式除非量子力学不对，

否则人破不了。如果能做到这种绝对安全的量子密钥，再加上一次一密，即使量子计算机的时代到了，信息照样是安全的。所以物理学家都在想，能不能找到一个保证安全的量子密码？果然找到了，叫作BB84协议，从信息论角度可以证明就算是量子计算机也没法破，这就导致很多物理学家开始进入量子密码的研究队伍，在实际上把量子密码做出来。做完了以后发现有问题，因为实际系统所有实际的器件跟理论都不同，比如光纤有损耗，比如探测器的效率不是百分百，所有这些不完善的地方都可以成为一个漏洞。通过漏洞可以把你的密钥"黑"出来，你还发现不了我。

所以这个还不是绝对安全，大家就开始补漏洞。找到一个漏洞，就补一个漏洞，补到最后，我说所有的漏洞我都补住了。安全不安全？现在是安全了，但是未来还有新的攻击手段出来，有可能不安全。最后变成量子密码不是绝对安全的，而是相对安全的。这就是问题了，相对安全能不能用？相对安全的可以用，因为只要我的量子装置能把所有可能的现在人类所掌握的攻击手段都找到了，而且我的体系攻不破，我就说在这个阶段是安全的。如果下面还有新的攻击手段，我再把密钥升级，可以保证安全，这个是可以用的。我们现在就是国内做得最早的。2005年，我们解决了一个光子在光纤中传播的稳定性。如果解决不了稳定性，可以在实验室做，拿不到实际应用中。我们发明了一个专利，保证它稳定，而且这个专利是现在所有专利中稳定性最好的一个。

我们做了哪些实验？2005年，我们从北京到天津，用125公里的真实光纤传输密钥，两边拿到密钥以后，在北京加密图像变成密文，密文传到天津（图45）。这是点对点的。我们在网络上就需要路由器，对经典的密钥来说"我到了，路由器你识别一下，然后你把我送到另一个方向去"。量子密钥不行，你一测量就会干扰它，破坏它，不能测量，所以量子路由器完全不同。

2007年，我们发明了一种量子路由器，解决了这个问题，并且装到光纤网络里，搞量子密钥的发送，同时产生三对密钥，然后同时发送三幅保密的图像，做成功了（图46）。

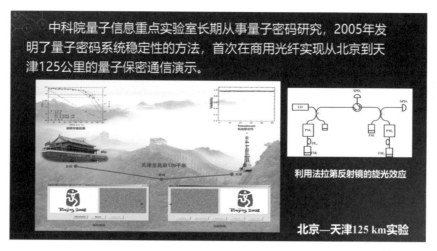

◎ 图45　125公里量子保密通信演示实验

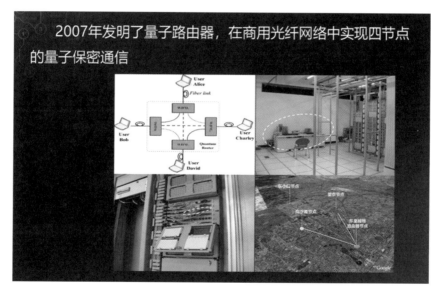

◎ 图46　基于量子路由器的量子保密通信

　　2009年我们到芜湖为政府建设了一个政务网，政府可以通过这个网从一个地方传送重要文件到另一个地方去，这实际上是第一个量子政务网（图47）。这一系列的演示都证明量子密码是可用的。

　　现在量子密码做到什么地步了呢？城域网已经可以使用了。城域网是100公里范围里面的一个网络，任何两点我都可以进行保密通信，而这个密钥是相对

安全的，到目前都没有办法破它，它有特定的标准，这就是量子密码。

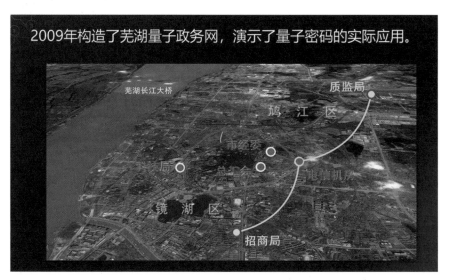

◎ 图47　芜湖量子政务网

超过100公里，两个城市之间能不能用？不能用，因为在光纤中一个光子到了100公里基本上会损耗掉或者消失，或者产生的量子比特密钥很少，做不到一次一密。

问题有没有办法解决？有。要搞一个可以实用的量子中继，把量子中继做成了，100公里、100公里中继下去，就可以传到很远，所以要解决量子中继问题。而量子中继的关键器件是量子存储器，要搞一个实际可用的存储器，然后才能做成，做成以后城际网才可以用。

还有一条路是利用空间，比如卫星。理论上可以做，但是实际上做到非常困难，单是通过大气层就很难。而且这个问题比城际网还要难，我们就不多谈了。

最近在这一方面我们去年有一个重要的进展，我来讲一个量子中继的进展（图48）。量子中继就是把网络扩充，两个网络加起来可以很远距离地传输量子信息或者量子密码。量子中继的基本原理是：L 很长，例如1000公里，我们要把这 L 分成 N 段，每一小段搞量子纠缠，一小段一小段地纠缠，然后再把它接起来，就连起来了。

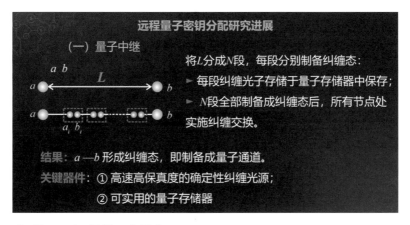

◎ 图48　远程量子密钥分配

要接的话，需要大家同时都纠缠好了，如果有先纠缠的、后纠缠的，就不同步了。先纠缠你要用量子存储器把它存起来，所以现在需要量子存储。把每一段都存好了，然后1、2、3开始所有点都连接起来，最后L的长度就可以纠缠成为量子通道，量子通道可以传送量子信息。

中继就是要有一个量子存储器，存储器要求达到实际应用。现在有各种各样的存储器，如果需要实际应用，它的各个参数，比如保真度、效率、寿命、多模式都要达到一定条件，才可以用（表2）。现在搞得最好的是固态的存储器。对于固态存储器的性能，分母那个数比如1就表示它的理想值，分子那个数就表示已经达到的数值。

比如说保真度，理想是100％，现在达到99.9％，已经快接近了。比如说模式，你可以有几千模，红的是我们做的。这些性能要同时达到要求，才可以进行量子中继。我们实验室的固态存储器现在达到国际上最好的指标，红的是我们实验室做到的，红的就是世界上最好的，99.9％是现在所有保真度最好的。

然后模式，比如说时间的模式，我们做到100。100是什么意思？我把一个光子存在存储器里，可以先后存100个光子，然后取出来，一个一个提出来，这就是时间模式，时间模式达到100是我们做的，还有空间模式51也是我们做的，所以现在固态存储器最有希望做成量子中继。

◎ 表2　量子存储器的技术指标

技术指标	定义	对量子通信结果的影响	固态量子存储现状
保真度	写入及读出量子态相似度	量子态传输准确性	99.9% / 1
效率	光子写入及读出的概率	决定量子态传输速率	69% / 1
带宽	频域工作带宽	决定量子态传输速率	16 GHz / THz
多模式	存储容量	决定量子态传输速率	时间:100 / 1060 空间:51 / NA 频率:26/ 1000
寿命	存储时长	决定量子态传输距离	20 ms/ h
工作波长	光子波长	光纤传输要求通信波段	支持1.54 μm
可集成性	微纳尺度存储器件	实际应用中的可扩展性	是

近期我们又做了一个量子中继，原理不太一样，而且性能非常好。它是把一对纠缠光子，一个光子送到固态存储器存起来，另一个光子送到分束器；另一边也是一个光子存到另一个存储器。当存储器一接收，这两个固态存储器就纠缠起来了（图49）。*Nature* 以封面文章的方式发表了这篇论文（图50）。*Nature* 认为这是国际上现在做得最好的。

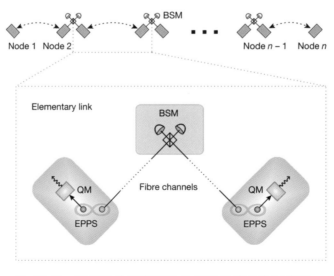

◎ 图49　基于吸收型存储器的量子纠缠分发示意图

量子存储器还有一个用法，不用这种传递量子信息的办法，而用量子U盘（图51）。跟我们经典U盘一样，你把你要传的信息放在U盘里，把U盘带到另一个地方去，然后你再把信息取出来，也可以。把量子信息存在U盘里，然后再用经典工具如高铁、飞机等送到其他地方去。这里一个关键的指标就是存的时间要长，存的时间太短了，还走不到那么远量子信息就"死掉"了。

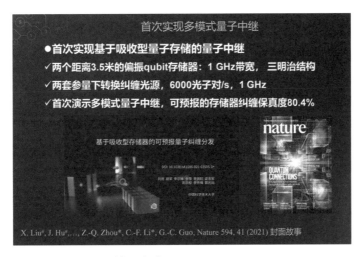

○ 图50　*Nature*封面文章

○ 图51　量子U盘

我们做了一个存储器，存储的时间是1小时（图52）。在我们之前，2013年德国人存了1分钟，所以我们破了世界纪录，超过它60倍。

这还是存一个相干光的时间，不是存单光子。我们现在要做的是存单光子1小时以上，比如说10小时或者24小时，那么量子U盘就真正做成了。所以，目

前这个离真正有用的量子U盘还有距离，但是这是一个很重要的进展。

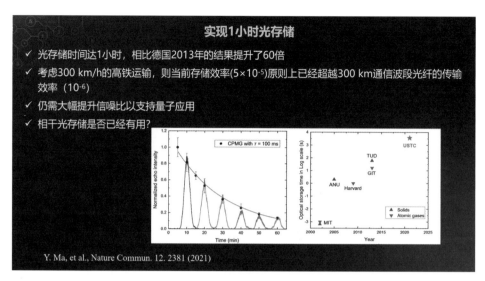

◎ 图52　1小时光存储

还有量子密码，刚刚说的一个局域网到了100公里就过不去了，为什么？因为携带量子信息的载体——这个光子很容易被吸收。如果我用光场来携带信息，是不是可以传得远一点？可以。

最近有一个方案叫双场的量子密钥分配，就解决了这个问题。不用单光子，用双场能传得更远，于是人们就开始做实验，但是做得非常困难。我们也提了一个双场的方案，并按我们的方案做完实验（图53）。从2016年开始各方面的报道就有了，最早是2016年做到400公里，每年都有进展，不断地发表到期刊中。

我们做到多少？833公里，这也是现在世界上最高的纪录（图54）。目前正在做1000公里，这是什么意思？

用单根光纤不要量子中继，就可以将量子密钥传送800多公里，这就非常长了。如果能做到1000公里，不需要中继就可以将两个城市连起来，所以这是一个新的量子密码方案。所以量子密码、量子信息安全到现在为止就两条路可以走。刚刚讲的这些都是物理的办法，还有一种办法是数学的办法。我不用物理的办法，用数学的方法，行不行？因为数学有公开密钥，现在的公开密钥量子计算机出来以后都可以破。我能不能找到新的公开密钥，即使量子计算机也攻不破？有。这叫作后量子密码。现在美国已经做成了这种公开密钥，所以他要把现在的公开密钥全都淘汰，用抗量子攻击的这种新型密钥。量子计算机就算做出来也攻不破，这就是一个很重要的数学办法。

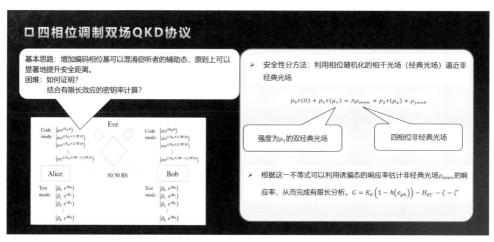

◎ 图53　双场QKD协议

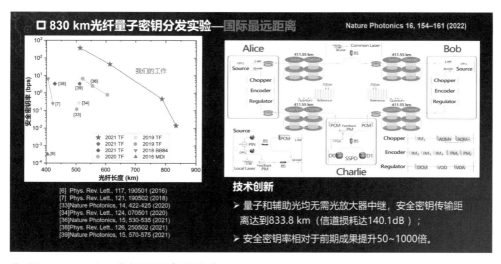

◎ 图54　830 km光纤量子密钥分发

就是说，拿量子计算机的最强算法来攻都攻不破，我就说它安全了。现在最好的算法就攻不破，公开密钥就安全，可以用。需要有好的算法，不是所有算法都能用。

如果将来数学家找到一个比公开密钥算法更强的算法，能够攻破，你再找更好的公开密钥，这一过程就变成一种对抗。

不管用物理方法还是数学方法都是一种对抗。我们说，在量子时代里没有绝对安全的密钥系统，也没有无坚不摧的破译手段，信息安全进入一个量子对抗的新阶段。现在是量子对电子对抗阶段。好，我的报告差不多了。量子技术包含量子计算、量子密码和量子传感，是下一代的新技术。它为我们的社会从信息时代发展到量子时代打下基础，现在正在进行之中。报告结束。

（杜军和　整理　段开敏　审校）

5

人工智能技术进展和典型应用

报告人介绍

刘庆峰

博士,科大讯飞创始人,董事长,语音及语言信息处理国家工程研究中心主任,中国科学技术大学兼职教授、博导,十届、十一届、十二届、十三届全国人大代表,中国语音产业联盟理事长,中国科学院人工智能产学研创新联盟理事长。2013年入选"第十四届中国经济年度人物",2018年入选"改革开放40年百名杰出民营企业家",2020年获"全国劳动模范"称号。

报告摘要

在"人机物"三元融合的万物智能互联时代,人工智能已成为产业智慧化升级和大国科技竞争的焦点。科大讯飞自1999年成立以来,一直致力于"让机器能听会说,能理解会思考,用人工智能建设美好世界"。在此报告第一部分,刘庆峰董事长将介绍近年来科大讯飞的人工智能核心技术在感知智能、认知智能方面的进展,尤其是代表中国在突破多语种等技术"卡脖子"方面取得的重大突破。第二部分,将介绍人工智能核心技术在助力"幸福中国"和"工业强国"建设方面的典型应用,尤其是在智慧教育、智慧医疗、智慧城市、消费者产品、智能汽车、工业互联网等领域的技术赋能案例。

主持人介绍

陆夕云

　　1963 年 4 月出生，江苏泰州人，中国科学院院士。长期从事旋涡动力学和湍流研究，特别是在旋涡动力学理论、方法和旋涡控制方面，取得了系统的创造性成果，在国内外产生了重要影响。2000 年入选中国科学院和教育部优秀人才计划，2001 年获"国家杰出青年科学基金"，2002 年被评为教育部"长江学者奖励计划"特聘教授，2004 年入选国家优秀人才工程，2005 年担任教育部"长江学者和创新团队发展计划"创新团队带头人，2016 年担任国家自然科学基金委员会创新群体学术带头人。2015 年获得周培源水动力学奖一等奖。一直从事本科生教学和研究生培养工作，先后获得"全国优秀博士学位论文指导教师"、中国科学院"优秀研究生导师"、中国科学院"优秀研究生指导教师"和宝钢"优秀教师奖"等称号。

刘庆峰：用人工智能建设美好世界

机器语音听写首次超过人类速记员、AlphaGo 击败人类围棋世界冠军、机器阅读理解权威评测首次超越人类平均水平、Alphafold2 掀起人工智能加速蛋白质设计的热潮、大语言模型出现引发了新一轮科技变革……人工智能技术正切实改变人类生活。

系列科普报告会上，科大讯飞股份有限公司（以下简称科大讯飞）董事长、中国科大教授刘庆峰作《人工智能技术进展和典型应用》报告，介绍了近年来科大讯飞的人工智能核心技术在感知智能、认知智能方面的进展，尤其是代表中国在多语种等"卡脖子"技术方面取得的重大突破。

比如，在多语种识别上，2021 年 11 月，科大讯飞参加了由美国国家标准与技术研究院（NIST）组织的国际多语种语音识别比赛，15 个语种 22 项比赛全

导　读

部获得第一。研究团队利用少量的语音数据结合海量的文本信息，通过端到端联合建模等技术学习语音和文本在隐层空间的统一表达，并使用语音合成技术生成海量训练数据，最终大大缓解了低资源语种的数据稀疏问题。"目前，35个主要语种语音识别正确率达到90%以上。"刘庆峰说。

刘庆峰还分享了人工智能核心技术在助力"幸福中国"和"工业强国"建设方面的典型应用，尤其是在智慧教育、智慧医疗、智慧城市、消费者产品、智能汽车、工业互联网等领域的技术赋能案例。

比如，安徽100多个县区的乡镇卫生院和社区医院的电脑上都安装了"智医助理"系统。刘庆峰说："这个系统不改变医生的任何使用习惯，但可以针对不同的疾病为医生提供智能辅助建议。"据相关统计，2021年，"智医助理"系统为安徽提供有价值的修正诊断达17万人次。

人工智能是保障社会幸福指数和提升全球价值链竞争力的必然选择。刘庆峰表示，科大讯飞的使命就是"让机器能听会说，能理解会思考，用人工智能建设美好世界"。

尊敬的各位老师，亲爱的同学们，大家好！很高兴来到中国科大跟大家分享我们对人工智能技术最新进展以及主要应用前景的一些看法和认知。水上报告厅是中国科大最有学术地位、最神圣的殿堂，所以能在这里给大家汇报，我也非常高兴。好，我们进入主题。

一、人工智能的发展历程

人工智能在30年前就已经非常火爆了，到现在已慢慢地被大家熟知。但在今天这个场合，我还是要相对完整地给大家简单介绍人工智能的发展历程。

1956年，在达特茅斯会议上，"人工智能"（Artificial Intelligence，AI）这一概念正式被提出。从图1可以看出，当时参会的十位专家都是各个领域的顶尖专家，他们是著名的数学家、计算机专家、通信专家，等等。很显然，在当时提出"人工智能"，绝不是一个简单的、空泛的梦想，而是有着坚实的数学和物理基础以及计算机基础做支撑。这些人中有的后来获得了图灵奖、诺贝尔奖等奖项。这也充分说明，人还是要有梦想的，当有一个梦想指引我们前进的时候，我们在沿途就会产生各个角度的成果，即便这些成果跟我们早期的预想不一样。就像有不少人可能还看不到真正实现人工智能梦想的那一天，但是在实现梦想的过程中，他们已经做出了伟大的贡献。所以，当我们有一个长期的梦想的时候，追逐梦想的过程能够激励我们有更大的成长和进步。

◎ 图1　参加1956年达特茅斯会议的人工智能领域的专家们

参加1956年达特茅斯会议的人工智能领域的专家如下：

麦卡锡（John McCarthy）：会议召集者，1971年图灵奖获得者，LISP语言发明人。

明斯基（Marvin Minsky）：1969年第一位图灵奖获得者，创建MIT人工智能实验室。

香农（Claude Shannon）：信息论创始人，香农奖是通信理论领域最高奖。

所罗门诺夫（Ray Solomonoff）：算法概率论的创始人，通用归纳推理理论的创建者。

纽厄尔（Alan Newell）：符号主义学派创始人之一，1975年图灵奖获得者。

西蒙（Herbert Simon）：符号主义学派创始人之一，诺贝尔奖、图灵奖、世界人工智能终身成就奖获得者。

塞缪尔（Arthur Samuel）：机器学习之父，创建了第一个AI跳棋程序。

塞弗里奇（Oliver Selfridge）：模式识别奠基人，创建了第一个可工作的AI程序。

罗切斯特（Nathaniel Rochester）：世界上第一台大规模生产的科学用计算机IBM701的首席设计师。

摩尔（Trenchard More）：达特茅斯教授。

目前，大家对"人工智能"概念达成一种共识，甚至提出"强人工智能""弱人工智能"等概念。那么，电饭煲、洗衣机、汽车等的出现属于人工智能吗？其实，我们现在讲的"人工智能"概念，是与智能化设备、自动设备区分开来的，即人工智能是指能够和人一样进行感知、认知、决策、执行的人工程序或系统。目前，世界上很多国家都制定了专门的人工智能战略发展规划，我国也将《新一代人工智能发展规划》作为国家的重大发展战略之一。

从1956年开始，人工智能的发展经历了三次浪潮（图2），现在我们正处在人工智能发展的第三次浪潮上。

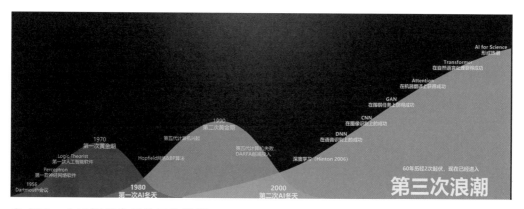

◎ 图2 人工智能发展的三次浪潮

（一）第一次发展浪潮

1956年人工智能概念的提出，标志着第一代人工智能网络出现。1970年一个标志性事件就是人工智能的第一代网络可以证明数学原理中的绝大部分原理，这在当时给了人们巨大的信心。当时明斯基就预测未来十年人工智能将达到人类智商的平均水平。很显然，目前这个预测还没有实现。后来，他开始从数学角度证明第一代神经网络的缺陷，但最后失败了，所以他专门写了一本书——《感知机》，这也直接导致1980年人工智能"第一次冬天"的到来。所以说，最早提出人工智能概念的这些数学家都是非常求真务实的。本质上来看，人工智能发展到今天，最重要的推动力其实是数学算法的进步。

（二）第二次发展浪潮

第二次发展浪潮，以1984年霍普菲尔德网络为代表，他首次提出递归理论。1990年人工智能发展进入第二次黄金期，科学家们雄心勃勃地提出第五代计算机计划。众所周知，第一代计算机是电子管计算机，然后是晶体管计算机，再到集成电路计算机以及大规模集成电路计算机。第五代计算机就是人工智能计算机，以日本为代表。2000年，人工智能进入"第二次冬天"。其原因是，这些算法主要存在两个问题：一是算法的复杂度太大，而运算能力不够。例如，你在犹豫是否参加几天后的一场报告会，这时给你一个模型算法，且这个算法是盈利的，恐怕你需要计算1万年，但报告会的时间早就过了。二是算法的递归性形成不了

收敛。例如，你不确定是周六来听这个报告还是周日来组织报告会，结果算来算去，始终没有一个结论，甚至越来越分散，议而不决，最终导致没有唯一的结论。所以，"第二次冬天"的出现主要是因为算法本身的收敛性以及复杂度。

（三）第三次发展浪潮

人工智能第三次发展浪潮的标志是2006年深度神经网络兴起。随后基于深度神经网络的各种创新的算法开始在各个领域取得成果。

首先是语音识别。科大讯飞于2010年在全球发布了首个智能语音交互的语音云平台，提出手机的语音听写时代到来。当时在做语音识别时，找了很多中国科大的学生到实验室去录音。基于深度神经网络的语音识别技术最先在手机上进行应用，每天有大量的数据自动在后台进行训练。目前，在保护用户隐私的前提下，每天已经有50亿人次的声音在执行自动训练。2010年，该平台对非特定人的语音识别准确率为80％，使用场合仅为60％，到今天，每天有1.3亿人使用"讯飞输入法"，平均准确率为98％。在2022年全国"两会"期间，除了解放军代表团以外，34个地方代表团和全国人大议案组全部使用了科大讯飞的语音识别技术，为全国"两会"转写代表发言与议案近1500万字。我们现在的语音识别技术已经到了不用经过任何训练、拿起来就说、平均准确率为96％的程度（图3）。

◎ 图3　2015年机器语音听写首次超过人类速记员

其次是图像识别。早在20世纪60年代，正面人脸识别技术就已经出现。如今，正面人脸识别的准确率已经越来越高，并往更深的方向发展。例如，无论是从一个人的后脑勺还是根据一个人的步态走势，即使戴着口罩，现在的技术也能对你进行识别。例如，2016年3月9日，经过5个小时的比拼，阿尔法围棋（AlphaGo）战胜韩国围棋高手李世石并取得胜利（图4），说明对抗神经网络的测试开始取得进步，往后它都不用学3000万个棋谱了，它自己跟自己对弈一个礼拜，就可以超过世界冠军。其实这只是算法逻辑取得了进步。

◎ 图4　2016年AlphaGo击败人类围棋世界冠军

再次是注意力（attention）机制。在对抗神经网络上，科大讯飞机器翻译通过了全国翻译专业资格（水平）考试（CATTI）。在大学英语六级考试中，我们提前一周将机器封锁在考场，没有联网，以免作弊，并由教育部门监督、公证机关公证。在考试当天，我们的机器跟57万考生一道做题，最后机器取得的成绩超过了99％的考生。

最后是自然语言理解的突破，使得机器的阅读理解能力超过人类平均水平。例如，A.I. for Science。原来的分子结构以及性状之间的很多联系是靠人的经验，靠大科学家们的感觉和灵感，现在用深度神经网络把历史上所有数据集中训练，大体上你需要什么性质的结构，无论是蛋白质还是分子结构化学新材料，我们可以预测几类可能的结构是能够满足实验要求的，从而使实验效果得到大幅提升。某药业集团董事长说，按照原来的方法做一种新药，即便药理都有了，做各种实验，得需要五年的时间，现在三个月就搞定了。原来科学研究的很多基本方法，需要我们做各种各样的实验进行验证，很多同学可能在整个研究生期间就是在做几种实验，实验验证结果的好坏既要有科学的灵感和基本的功底，又要靠运气。而现在A.I. for Science用深度神经网络进行迅速计算，可以把你要做的实验范围精准到原来的万分之一，甚至十万分之一，使你做更有效的创新的工作，我认为这是特别有益的。

所以，很多人有疑问，人工智能浪潮的前两次开始时都觉得很好，后来都退去了，第三次浪潮会不会退去呢？我想，基于人工智能已经在语音、图像、翻译、自然语言理解以及众多领域的成功，我们关注的不是人工智能是否会退去，而是要研究它将在多广的广度、多深的深度来深刻影响整个社会的生产和生活方式。

2006年，深度神经网络的算法问世。2011年，IBM的沃森系统在一档名为《危险之旅》的电视问答节目中，击败了两位人类冠军选手（图5）。这在当时引发了全球轰动，比当年的深蓝下国际象棋还要引人关注。

◎ 图5 2011年IBM的沃森系统在电视问答节目《危险之旅》中击败两位人类冠军选手

2012年，在由卡内基大学牵头的全球语音合成类比赛——"暴风雪"比赛中，科大讯飞的英语合成技术首次超过真人说话水平。

2015年，机器语音听写首次超过人类速记员，也就是说，最好的人类速记员都比不上机器的语音识别，语音识别的准确率非常高。例如，当今天的报告会结束后，大家马上可以看到发言内容的语音识别结果。

2015年，在大规模的视觉挑战赛中，机器也超过了人类平均水平，这是基于Image Net 基本的图像数据库来做的（图6）。

◎ 图6　2015年ResNet网络在大规模视觉识别
挑战赛中超过人类平均水平

2019年，在斯坦福大学发起的机器阅读理解挑战赛 SQuAD 2.0（Stanford Question Answering Dataset 2.0）中，机器阅读理解首次超越人类平均水平（图7）。

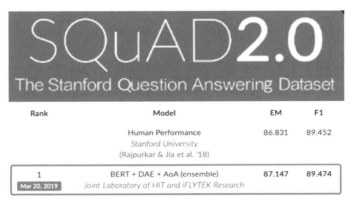

◎ 图7　2019年机器阅读理解权威评测首次超越人类平均水平

谷歌于2018年推出Alphafold计划。2021年，Alphafold 2掀起了人工智能加速蛋白质设计的热潮（图8）。科大讯飞与中国科大生命科学学院的刘海燕老师深度合作，不仅预测了蛋白质的序列和结构，还从结构到最后的性状进行研究，最终生成了更多的蛋白质，这一技术目前走在世界最前列。

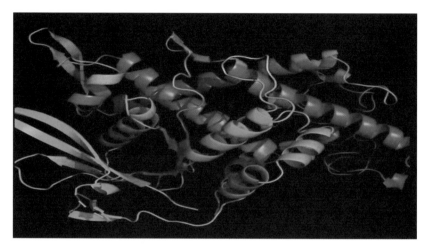

◎ 图8　2021年Alphafold 2掀起人工智能加速蛋白质设计的热潮

第三次人工智能浪潮在各个领域都深刻影响着我们，人们的生活已经离不开以AI技术为核心的大量应用（图9）。2010年科大讯飞发布首个中文语音输入法，2011年苹果公司发布手机语音助手SIRI，2017年科大讯飞发布翻译机，2021年特斯拉发布纯视觉自动驾驶系统，等等。

（a）2010年科大讯飞发布首个　（b）2011年苹果公司发布手机　（c）2021年特斯拉发布纯视觉
　　中文语音输入法　　　　　　　语音助手SIRI　　　　　　　　自动驾驶系统

◎ 图9　人工智能技术切实改变人类生活

二、人工智能关键技术

人工智能之所以能取得大的突破，主要依靠三大关键技术：第一个是算法；第二个是算力，特别是云计算以及超大规模的运算服务器；第三个是大数据，它通过移动互联网，将各种数据迅速汇聚到后台。

"当年中国科大的王仁华老师挑选出包括我在内的几十名同学去实验录音。一天下来，我们这群来自全国各地的学生，有东北的、广东的、安徽的、河南的，每个人录100个字、几十个词、十几个句子，录完以后，让机器继续学习。现在在很短的时间内大家的语音数据会自动汇聚到后台，形成鲜活的自我迭代和学习的往前发展的路径。"

人工智能的这三个要素奠定了第三次人工智能的浪潮持续繁荣的基础。习近平总书记特别强调，人工智能是引领这一轮科技革命和产业变革的战略性技术，具有溢出带动性很强的"头雁"效应。科大讯飞作为被美国列入实体清单的企业，其中的原因是，语音是文化的基础，是民族的象征，是万物互联的入口。如果我们的智能终端、车载设备、穿戴式设备没有语音交互，就没法出口。如果没有语音交互、输入法和语音助手，那些终端就不是智能设备。语音交互是典型的"卡脖子"的关键技术，而只有科大讯飞能够代表中国企业解决"卡脖子"的问题。当我们被美国列入实体清单之后，2021年5月28日，习近平总书记在"两院"院士大会上的讲话指出，"人工智能、数字经济蓬勃发展，图像识别、语音识别走在全球前列"，"人类正在进入一个'人机物'三元融合的万物智能互联时代"。所以说，人工智能的感知和认知智能的技术不断发展，可以提供广阔的可能。

目前，世界上很多国家都提出了关于人工智能的发展战略（图10），美国于2021年专门成立了国家人工智能安全委员会（NSCAI），强调对人工智能只加码，不设限。

我国于2017年7月发布了《新一代人工智能发展规划》。该规划提出战略目标分为三步走：第一步，到2020年人工智能总体技术和应用与世界先进水平同步，人工智能产业成为新的重要经济增长点，人工智能技术应用成为改善民生的新途径，有力支撑进入创新型国家行列和实现全面建成小康社会的奋斗目标。

第二步，到2025年人工智能基础理论实现重大突破，部分技术与应用达到世界领先水平，人工智能成为带动我国产业升级和经济转型的主要动力，智能社会建设取得积极进展。第三步，到2030年人工智能理论、技术与应用总体达到世界领先水平，我国成为世界主要人工智能创新中心，智能经济、智能社会取得明显成效，为跻身创新型国家和经济强国前列奠定重要基础。这个任务既雄心勃勃，又有非常大的挑战和压力，我们在不断地践行，往前推动。这个战略目标不仅仅是算法本身的，还涉及算法所对应的软件和应用系统，也涉及芯片、服务器以及服务器上所支撑的各种算式能力。

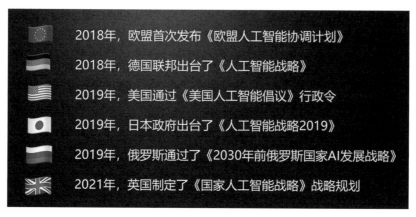

2018年，欧盟首次发布《欧盟人工智能协调计划》

2018年，德国联邦出台了《人工智能战略》

2019年，美国通过《美国人工智能倡议》行政令

2019年，日本政府出台了《人工智能战略2019》

2019年，俄罗斯通过了《2030年前俄罗斯国家AI发展战略》

2021年，英国制定了《国家人工智能战略》战略规划

◎ 图10　其他各国发布的人工智能战略规划

2017年，科技部召开新一代人工智能发展规划暨重大科技项目启动会，会议宣布首批国家新一代人工智能开放创新平台名单（图11）：① 依托百度公司建设的自动驾驶国家新一代人工智能开放创新平台；② 依托阿里云公司建设的城市大脑国家新一代人工智能开放创新平台；③ 依托腾讯公司建设的医疗影像国家新一代人工智能开放创新平台；④ 依托科大讯飞公司建设的智能语音国家新一代人工智能开放创新平台。2019年8月29日，国家新一代人工智能开放创新平台增至15家。

科大讯飞在1999年成立之初就提出，要实现人类和人机的信息沟通无障碍，这也是20世纪70年代我的导师王仁华教授在中国科大电子工程系为人机语音通信实验室定的目标。2010年，我们用深度神经网络做出语音识别之后，就在业界分享发布。我们发现，深度神经网络能做非常多的事情。2013 年，我们开始提出来要往更宽的人工智能领域进发，所以把使命从"实现人类和人机信息沟通无障碍"拓展到"让机器能听会说，能理解会思考，用人工智能建设美好世界"。

◎ 图11　首批国家新一代人工智能开放创新平台

三、人工智能技术最新进展

一般来说，人工智能技术的三个层次为：① 运算智能：能存会算；② 感知智能：能听会说，能看会认；③ 认知智能：能理解、会思考。

（一）"能听会说"发展到什么程度了？

1. 语音合成已经超过普通发音人的平均水平

语音合成（text to speech），简单来说，就是让机器开口说话，我们不用看文字，让它念给你听。事实上，真正的语音合成是从概念到语音，甚至脑电波直接变成语音，如现在不能说话的人戴着一个电机，该电机可以说出"我要喝水""要翻个身"等。现在我们讲的是业界公认的、现在产业上直接用的语音合成技术，从文本到语音的合成。

2016 年，在 Blizzard Challenge 比赛中，科大讯飞的语音合成自然度达到 4.2 MOS，首次超过普通发音人的平均水平（4.0 MOS）。2019 年，在 Blizzard Challenge 比赛中，科大讯飞的语音合成自然度达到 4.5 MOS，刷新历史记录

（图12）。

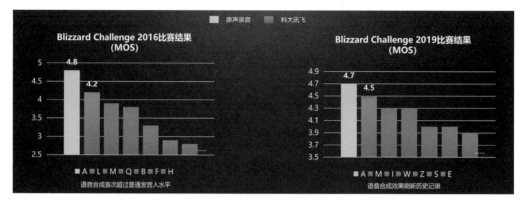

◎ 图12　科大讯飞在Blizzard Challenge比赛中获得第一名
数据来源：2016年、2019年Blizzard Challenge比赛官方网站。

2. 多语种、个性化合成：基于听感量化的语音合成框架突破

通过对已有多人多风格语音数据的联合训练，实现了小数据量下针对新发音人的高自然度语音合成。具体演示路径如图13所示。

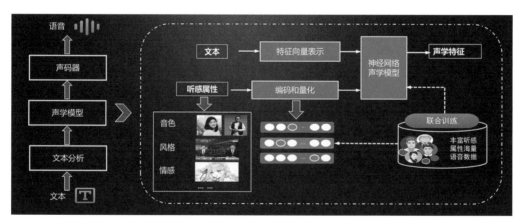

◎ 图13　新发音人的语音合成路径

此外，还可实现个性化合成规模化应用（图14）和多语种语音合成。目前，科大讯飞的多语种合成覆盖全球60个语种，14个重点语种效果大于4.2 MOS，达到国际领先水平。

◎ 图14　语音合成规模化应用

3. 从语音合成到多模态合成

目前，语音合成已经发展到多模态合成阶段，也就是将语音、面部表情、形态、手势等结合起来，形成一个虚拟人物。科大讯飞推出的第一个虚拟主播——小晴（图15），就是动态合成的典型案例。现在很多的地方电视台已经开始使用了。

"大家好，我是科大讯飞 AI 虚拟主播小晴。我可以实现多种语言和方言的实时播报……祝科大越办越好，勇攀科学高峰。"

◎ 图15　科大讯飞合成的第一个虚拟主播——小晴

科大讯飞在2021年的全球1024开发者节上推出了虚拟人交互平台1.0（图16）。这个平台可以支持用户在1分钟内构建自己的虚拟人形象，并且生成独特的声音。用户可以对虚拟人进行设定，包括姓名、脸型、性格、爱好、衣品等，类似真人。该虚拟人交互的关键技术包括以情感贯穿的音色、语气、表情、嘴型、眼神等交互要素，交互的四大关键特点包括多模感知、情感贯穿、多维表达、自主定制。

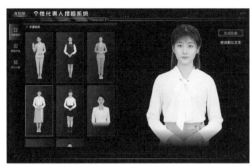

◎ 图16　虚拟人交互平台1.0——个性化真人捏脸系统

4. 语音识别已经超过人工速记员水平

在2015年12月21日的科大讯飞发布会上，经北京国家会议中心公证员现场公证，讯飞机器转写准确率达到96.3％，超过人工速记员水平。

当时在北京国家会议中心，我们现场直播了北京三个最大的数据公司的5位资深持证上岗速记人员现场跟机器比拼记录、转写所有嘉宾的讲话。在现场4000多人的监督下，经公证机关公证，机器记录和转写的平均准确率为96％，而人工最好的水平不到80％。后来，中央电视台《对话》栏目又专门做了一期节目，挑选了他们认为北京市最好的速记员来跟我们的机器对决，最后是机器完胜人工速记员，这在当时被认为是一个语音识别的标志性的里程碑事件。

5. 从中文语音识别扩展到多语种语音识别

因2020年新冠肺炎疫情影响，出国已不像以往那么方便。对语音识别来说，最大的问题就是真实语音太少，这会导致机器没有办法进行足够的训练，从而降低模型的准确率，用户使用率低，形成不了良性迭代。由于科大讯飞的语音合成技术已经领先业界，熟悉文本数据与语音识别的关联模型，所以可以根据已经有的少量的正式语音和文本进行联合建模（图17）。建模后，根据少量真实语音和海量合成语音，驱动大规模语音识别训练，从而突破语音识别在多语种上的门槛。

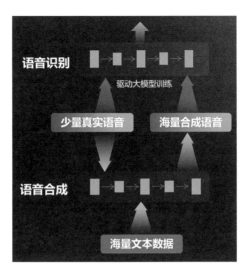

◎ 图17 语音识别模型示意图

就多语种技术而言，其核心是怎样用更少的语音训练出一个全新的语种，以达到更好的效果。令人自豪的是，2021年11月10日，美国国家标准与技术研究院组织了全球的多语种识别大赛，一共有15个语种，科大讯飞参加了全部的22个项目，并都获得了第一名（图18）。我认为，科大讯飞和中国科大语音实验室共同解决了语音识别技术的"卡脖子"问题。

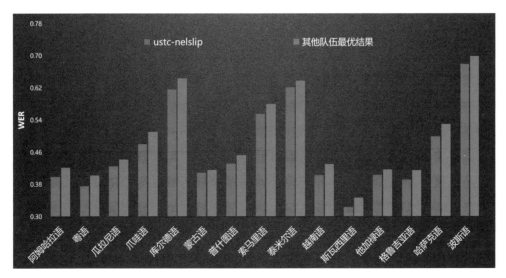

◎ 图18 2021年美国国家标准与技术研究院组织的多语种比赛结果

6. 语音识别关键技术突破

（1）在嘈杂的人群中，两人可以顺利交谈，尽管周围噪声很大，但两人耳中听到的是对方的说话声，他们似乎听不到谈话内容以外的各种噪声，因为他们已经把各自的关注重点（这就是注意的选择性）放在谈话主题上了，这就是"鸡尾酒效应"。那么，机器如何在复杂环境中进行语音识别呢？为此，我们提出基于多环境因子嗅探的动态模型延展方法，通过增强模型和识别模型的深度耦合，实现高噪、远场混响等各种复杂环境下的高精度语音识别，如图 19 所示。

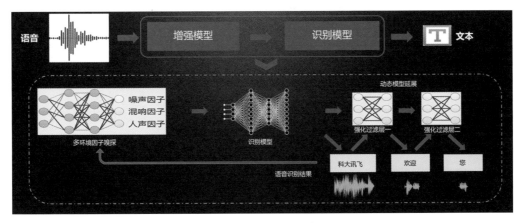

◎ 图19　基于多环境因子嗅探的动态模型

（2）针对方言口音，如湖南话、安徽话、广东话等，机器应如何识别呢？首先我们建立了专门的方言口音模型。原来是要对方言口音进行大量录音，录完一个语种，再录一个语种；现在利用注意力模型机制来判断，在历史记忆单元中，机器对说话者进行专门的变化，不用专门做他的口音训练。然后在原有模型中提取相应的参数，对应不同的识别模型，即提出基于异构记忆单元的自适应声学建模方法，提高语音识别模型的鲁棒性，实现各种方言、口音的高精度语音识别，如图 20 所示。

（3）语音识别技术下一步的发展方向是复杂场景下的多模态语音感知技术：结合麦克风阵列，通过深度融合音、视频等多模态信息，显著提升复杂场景下的语音识别效果。目前，语音识别在多个复杂场景的平均正确率从 60% 上升到

87.9％，人声混叠干扰场景的正确率从10.4％上升到89.4％，开始逐步进入万物互联的规模化使用阶段，最终实现人机物、万物智能互联。

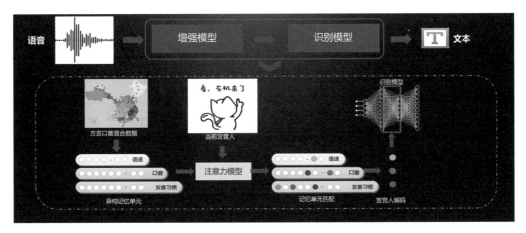

◎ 图20　基于异构记忆单元的自适应声学建模

7. 语音翻译关键技术创新

（1）机器语音翻译已经通过翻译专业资格合格测评。2018年11月，机器翻译参加全国翻译专业资格（水平）测试，达到英语二级"口译实务（交替传译类）"和三级"口译实务"合格标准。这表明机器可以实现高水平场合的同传。在大学英语六级翻译考试中，抽样57万考生测试数据，我们发现机器的成绩超过99％的人类考生。

（2）我们提出融合副语言特征的自校正语音翻译方法，突破传统语音翻译因语音识别和文本翻译级联导致的错误累积问题，显著提升口语化场景下语音翻译的忠实度，如图21所示。简单来说，以前的翻译模型是语音输入以后，先将语音识别成文本，再通过文本翻译出来，并将它读出来。其中包含的最大问题是复语言特征，比如说翻译"今天这个啊我，我来到了这个中国科大，特别高兴"这句话时，要先将很多不相关的无效信息去掉，否则一个词一个词地翻译，就会乱七八糟。

（3）翻译技术正从口语交传翻译到同声传译进阶。主要表现在以下几个方面：① 在IWSLT2021大赛同传任务中，科大讯飞以显著优势包揽三个赛道冠军，实现翻译质量和时延的有效平衡；② 科大讯飞与中国移动共建人类首个无障碍通信平台，在5G网络基础上，不依赖特定手机，不用下载任何APP，即可实现无障碍视频通话；③ 在多民族地区推广无障碍通信，促进各民族交流，铸牢中华民族共同体意识；④ 在"一带一路"地区推广无障碍通信，推动构建人类命运共同体进程。

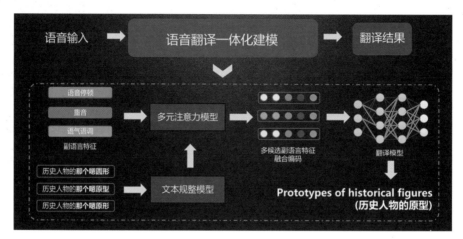

◎ 图21　副语言特征的自校正语音翻译模型

（二）"能看会认"发展到什么程度了？

1. 视觉识别在大规模识别任务上超过人类平均水平

主要包括三个方面：一是人脸识别技术超越人类。2014年，根据LFW数据集，机器的人脸识别准确率为98.52％，人类为97.53％，近两年机器的识别率更是超过99％。二是图像识别超过人类。2017年，根据Image Net数据集，机器的图像识别错误率为2.25％，人类为5％。三是肺结节影像识别达到医生平均水平。2017年，科大讯飞的机器肺结节判断准确率为92.3％，这在业界也是首次实现机器的判断准确率超过90％，而三甲医院医生的平均准确率为90％。

2. 普通摄像头即可实现高精度手势及视线交互

主要包括两个方面：一是实时手势识别技术实现"凌空手写"；二是视线追踪技术实现"眼神打字"。

3. 复杂场景的图文识别全面应用

主要包括两个方面：一是自然场景图文识别、手写公式识别取得突破。

2018年，ICPR MTWI 图文识别挑战赛突破端到端图文识别技术，取得冠军（图22）；2019年、2020年，在国际公式识别比赛中，突破多层嵌套公式识别，取得冠军（图23）。二是图文识别在全国中高考阅卷中大规模应用（图24）。

◎ 图22　图文识别挑战赛结果

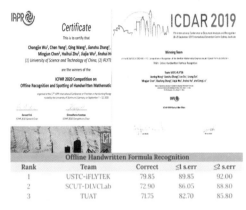

◎ 图23　国际公式识别比赛证书

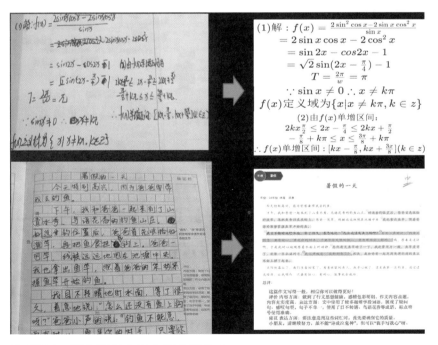

◎ 图24　图文识别应用在阅卷工作中

4. 图文识别关键技术创新

2019年，科大讯飞创造性地提出了树状解码器技术方案，解决了嵌套公式等复杂结构识别问题（图25）。

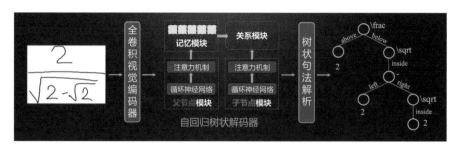

◎ 图25　树状解码器技术方案

（三）"能理解、会思考"发展到什么程度了？

1. 认知智能的技术和应用

认知智能两大共性基础技术就是自然语言理解与生成以及人类知识学习与推理，分别对应了两大典型应用系统，即人机交互系统和行业认知智能系统（图26）。例如，在教育场景中，如何改作文，如何因材施教；在医疗场景中，如何当好医生；在汽车应用领域，如何实现自动驾驶；等等。

◎ 图26　认知智能的技术与应用

2. 预训练模型显著提升自然语言理解、生成技术水平

典型语言理解任务平均水平，在过去10年相对提升超过50%。其中有几个

关键的里程碑：一是2013年，基于神经网络的语义向量表示（Word2vec），即根据给定的语料库，通过优化后的训练模型快速有效地将一个词语表达成向量形式，为自然语言处理领域的应用研究提供了新的工具（图27）。二是2017年，以Transformer为代表的新一代序列建模算法，通过模型结构创新，使得机器的自然语言理解效果进一步提至85％（图28）。三是2018—2022年，预训练模型＋Fine Tuning逐渐火热，例如GPT-3，这是一种具有1750亿个参数的自然语言深度学习模型，比以前的GPT-2版本高100倍。该模型经过了将近0.5万亿个单词的预训练，并且在不进行微调的情况下，可以在多个NLP基准上达到最先进的性能（图29）。

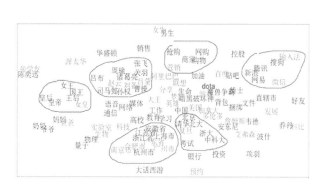

◎ 图27　基于神经网络的语义向量表示　　　　◎ 图28　Transformer结构示意图

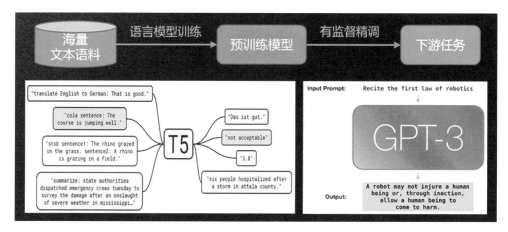

◎ 图29　预训练模型+Fine Tuning

3. 自然语言理解技术的典型创新

科大讯飞提出基于层叠注意力结构的多尺度语义表达方法，模拟人类的选择性阅读理解能力，实现对深度复杂语义的准确表达。其实现路径如图30所示。

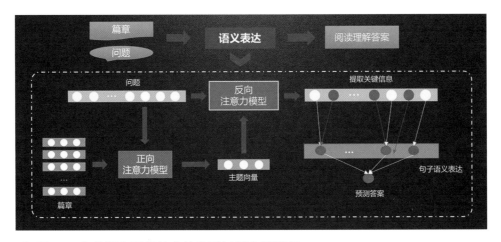

◎ 图30　自然语言理解技术的典型创新实现路径

（1）机器阅读理解首次超过人类平均水平

一是SQuAD 2.0是认知智能行业内公认的机器阅读理解领域顶级水平测试，通过吸收来自维基百科的大量数据，构建了一个包含10多万问题的大规模机器阅读理解数据集（图31）。

二是模型不仅要能够在问题可回答时给出答案，还要判断哪些问题是阅读文本中没有材料支持的，并拒绝回答（图32）。

（2）智医助理技术在全球首次通过国家医师资格测试

在2017年国家临床执业医师考试笔试中（总分：600分，分数线：360分），讯飞智医助理考取了456分，超过96.3％的人类医师考生。

（3）教育领域作文评阅技术首次达到人工专家水平

在机器批改作文方面，对于大学英语四六级作文，机器得分已经超过人类。在安徽省、广东省、江苏省的高考语文作文中，机器的得分均高于人类（图33）。

SQuAD2.0
The Stanford Question Answering Dataset
Leaderboard

Rank	Model	EM	F1
	Human Performance Stanford University (Rajpurkar & Jia et al. '18)	86.831	89.452
1 Mar 20, 2019	BERT + DAE + AoA (ensemble) Joint Laboratory of HIT and iFLYTEK Research	87.147	89.474
2 Mar 15, 2019	BERT + ConvLSTM + MTL + Verifier (ensemble) Layer 6 AI	86.730	89.286
3 Mar 05, 2019	BERT + N-Gram Masking + Synthetic Self-Training (ensemble) Google AI Language https://github.com/google-research/bert	86.673	89.147
4 Mar 16, 2019	BERT + DAE + AoA (single model) Joint Laboratory of HIT and iFLYTEK Research	85.884	88.621
5 Jan 15, 2019	BERT + MMFT + ADA (ensemble) Microsoft Research Asia	85.082	87.615

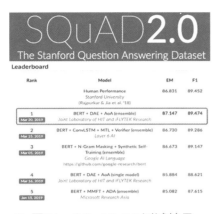

◎ 图31 SQuAD 2.0测试结果

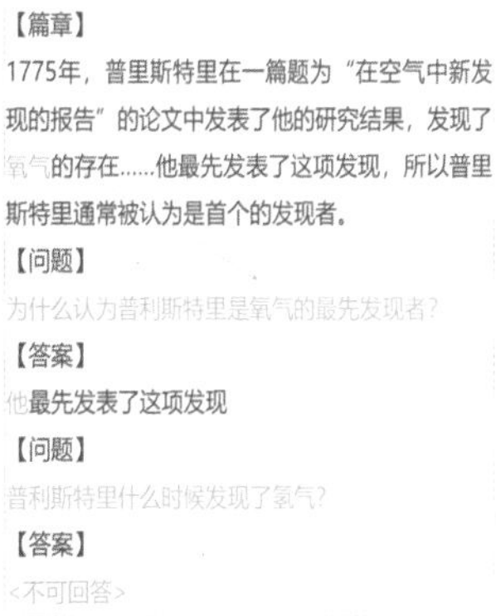

【篇章】
1775年，普里斯特里在一篇题为“在空气中新发现的报告”的论文中发表了他的研究结果，发现了氧气的存在……他最先发表了这项发现，所以普里斯特里通常被认为是首个的发现者。
【问题】
为什么认为普利斯特里是氧气的最先发现者？
【答案】
他最先发表了这项发现
【问题】
普利斯特里什么时候发现了氢气？
【答案】
<不可回答>

◎ 图32 模型判断界面截图

智能评卷应用考试类型
中考 高考 学考
ETS TOEFL IELTS
CET-4 CET-6
MHK
智能评分非常接近专家评分的相关度和一致率

	评分数据来源	评分一致率	相关系数	平均分差
中考数据	人工评分	92.6%	0.79	1.24
	机器评分	97.4%	0.84	0.96
高考数据	人工评分	85.8%	0.60	1.50
	机器评分	95.6%	0.70	0.70

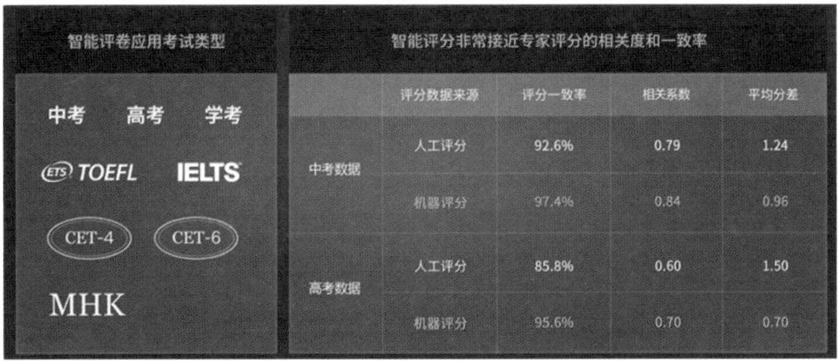

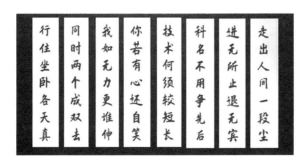

◎ 图33 智能评分技术水平

4. 语言生成技术赋予机器更强的内容创作能力

机器不仅可以写作文，还可以看图写诗。给出一幅图，它根据对图片的理解，写出一首诗，当然，作诗水平的高低，大家各有判断。例如，结合本次科技活动周，我们准备了藏头诗（图34），即“走进科技，你我同行”。

走出人间一段尘
进无所止退无宾
科名不用争先后
技术何须较短长
你若有心还自笑
我如无力更谁伸
同时两个成双去
行住坐卧各天真

◎ 图34 藏头诗

5. 常识推理技术进展

Winograd Schema Challenge 被认为是图灵测试的替代版本，于2011年由多伦多大学提出。仅在IJCAI 2016上举办一次，科大讯飞以58.3％的测评结果获得第1名。该集合的特点是：几百个测试问题，没有训练集。到了2022年，在CommonsenseQA 2.0比赛中，讯飞提出融合知识的深度神经网络ACROSS模型，常理推理技术测评结果达到76％。

6. 未来10年，向认知智能2.0阶段迈进

未来10年，认知智能向认知智能2.0阶段迈进（图35），这一时期，关键挑战在于语言的深度理解及运用、知识的学习及推理，最终实现自主学习及进化。面对的问题有：计算机能够思考吗？能实现知识的充分学习及运用、不断强化理解和推理能力吗？主要研究内容包括知识学习及推理、语言深度理解及运用、多模态融合理解、自主学习及进化（图36）。

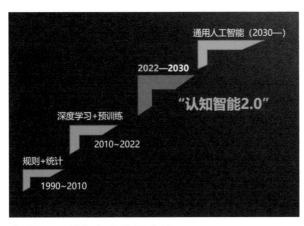

◎ 图35 认知智能发展阶段

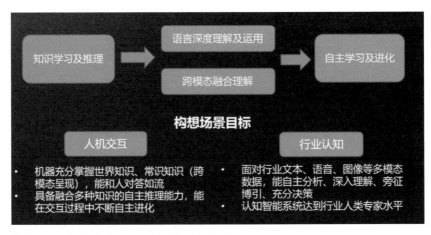

◎ 图36 认知智能2.0阶段的研究内容

四、人工智能典型应用

第一，人工智能红利兑现的三大标准：一是真实可见的实际应用案例；二是能规模化推广的对应产品；三是可用统计数据证明的应用成效。

第二，AI＋消费类产品的出现（图37）。从生活、学习到办公，从儿童到老人，AI＋消费类产品的出现不断给人带来全新体验，如扫描笔。当大家在看一篇英文文章时，若遇到不认识的单词或句子，不用查字典了，直接用扫描笔一扫，这个单词或者句子，甚至段落全部都能翻译过来，还能读出来，绝对是"学习神器"。

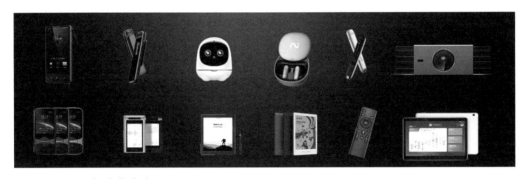

◎ 图37　AI＋消费类产品

第三，设计和软硬件一体化能力是AI走进生活的保障。2021年，科大讯飞在硬件设计、软硬件联合开发、自动化测试和生产等方面都实现了很好的能力补强和积累，这些能力的积累也支撑起讯飞硬件的快速发展，为2022年千万级硬件产品交付做好了充足准备。同时，科大讯飞在设计、创新的行业认证上也取得了专业领域的亮眼成绩：在设计方面，2021年10月，在由工业和信息化部、山东省人民政府主办的"2021世界工业设计大会"上，科大讯飞与华为工业设计中心、阿里云工业设计中心、长城汽车造型中心等企业一起获评"2021十佳企业设计中心"（图38）；学习机、办公本、录音笔、扫描笔等产品分别斩获国际各设计大奖，2021年科大讯飞硬件已囊括工业设计领域顶级奖项四大满贯（德国IF奖、德国红点奖、日本G-Mark奖、美国IDEA奖）（图39）。在认证方面，科大讯飞打造"唯一性"和"创新性高端资质"，

与权威机构深度合作，获证行业首款"等响扩音独立慧鉴"及"智能录音品类的信息安全"新型认证，也标志着讯飞在技术上的不断突破，为用户提供专业和更有保障的产品。

◎ 图38　十佳企业设计中心

◎ 图39　工业设计奖项四大满贯

第四，AI＋教育。主要表现在以下两方面：

一是智能阅卷与分析（图40～图42）。采用OCR识别技术，对试卷进行扫描，机器即可自动批改，教师根据批改痕迹进行核验，大大节省了时间。

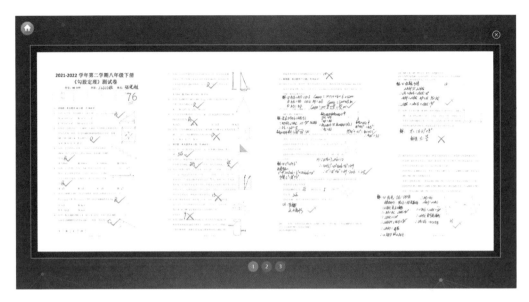

◎ 图40　智能阅卷

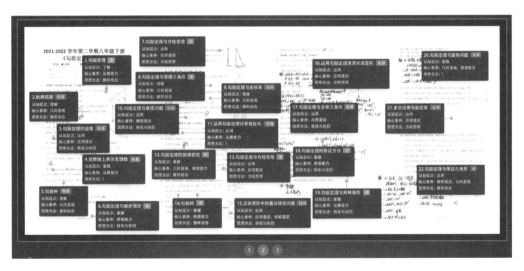

◎ 图41　智能分析

　　二是知识图谱与分层作业。机器可根据学生的作业反馈对学生的知识掌握情况进行分析，并提示哪些知识点是薄弱环节，哪些已经掌握了，从而形成知识掌握图谱和个性化分层作业，节省50％的无效重复作业。如图43和图44所示，绿色的题目学生不用再做了，黄色、红色的题目就是需要再加强练习的。

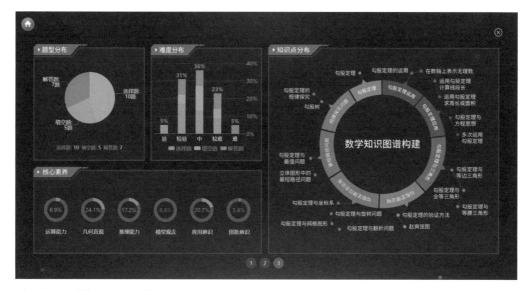

◎ 图42　题目DNA分析

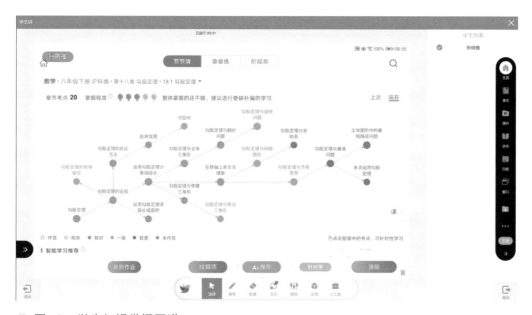

◎ 图43　学生知识掌握图谱

第五，AI＋医疗。主要有以下几个方面：

一是"智医助理"助力基层诊疗能力提升。在安徽，有104个乡镇的村医工作室、乡镇卫生院和社区医院安装了科大讯飞"智医助理"系统（图45）。这个系统并不会改变医生的任何使用习惯，只有当他诊断可能出现错误时，系统才会提醒他。例如，医生诊断该病人是高血压，但系统会提醒他，可能是脑梗死，并给出进一步问诊和查体意见。这不仅提升了医生的专业能力，提高了问诊的精准度，也是对患者的一种保护。

◎ 图44　个性化分层作业

◎ 图45　"智医助理"系统界面

二是助力常态化与极端情况下的精准防控。科大讯飞研发的医疗外呼机器人提升了疫情排查能力，辅助各级卫生健康委、基层医生构建疫情防线，疫情期间，为全国31个省服务1.1亿人次。我们的系统在武汉疫情期间，用6小时的时间完成了100万人次的排查，筛查出重点人群后提交社区进行跟进，这么大的电话量，光凭人工是根本不可能实现的，这也得到了武汉市领导的高度认可。

"喂，你好，我是武汉市疫情防控指挥部的工作人员，请问您是吴先生吗？……好的，我们正在进行疫情相关的信息筛查，需要了解一下您目前的情况，请问您现在还在武汉吗……"（图46）

智医助理 电话机器人助力疫情防控

电话机器人

居民

案例：武汉 吴先生 2020年2月14日

姓名	
是否在武汉	
家庭人数	
是否发烧	
体温	
症状	
接触史	
通话时长	

◎ 图46 "智医助理"电话机器人界面

三是动态更新人群底数，构建平战结合的医疗健康服务保障体系（图47）。在疫情期间，我们除了要做到早发现，还要实现早准备、早处置。尤其是一旦发生疫情，对于封控区、管控区的特殊人群要做到提前摸底，防患于未然，对于危急重症、慢病人群、独居老人等特殊群体，如果没能摸清底数，很容易造成不可挽回的次生灾害。我们的人工智能能够协助社区人员和家庭医生做好底数摸排工作，持续动态地更新生活物资需求和就医求助需求。在本轮疫情中，我们进一步拓展了服务场景，对于透析患者、孕产妇等需要紧急就医的情况能够及时摸排需求，协助政府对接医疗资源，对独居老人、残疾人等特殊群体能够进行主动的预防式关怀，防止出现次生灾害。

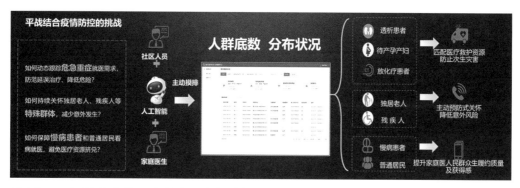

◎ 图47　平战结合的医疗健康服务保障体系

第六，AI＋工业全流程赋能。在只要有数据可训练、有逻辑规律可循的场合下，人工智能通过学习顶尖专家知识，达到一流专家水平，超过90％的普通专业人士。美国科技杂志曾预测，到2045年，现在全世界50％的工作会被人工智能替代。根据人工智能的发展速度，可能这个进度比预期还要快。但是需要指出的是，将来需要有灵感、需要有创意、需要有人类同理心的工作是机器做不了的。如图48和图49所示。

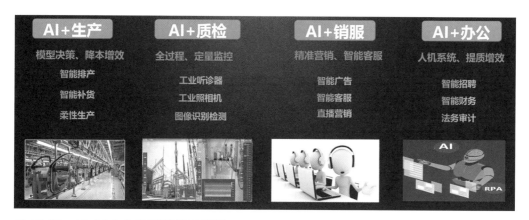

◎ 图48　AI+工业全流程赋能示意图

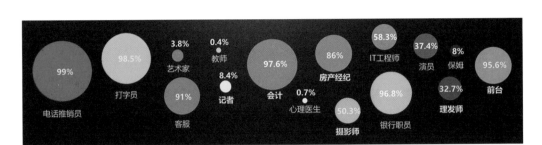

◎ 图49　人工智能对当前典型行业的替代率预测

第七，AI＋公益：特殊群体重点关爱。主要体现在"让盲人听得见文字，让聋人看得见声音"上，讯飞开放平台公益计划，有1400＋无障碍应用，超5000万人次日均免费调用。对特殊群体的关爱包括以下几个方面：① 科大讯飞联合中国聋人协会发起"听见A.I.的声音"关爱听障人士公益行动（图50）；②由中国残联无障碍推进办、中国聋人协会、北京联合大学以及科大讯飞共同成立"听见信息无障碍研发与应用联合实验室"（图51）；③ 10岁少女包诗淏设计了一款帮助听障人士的字幕眼镜，在2020年的1024全球开发者节上获得了最佳公益个人奖（图52）。

◎ 图50　关爱听障人士
公益行动海报

◎ 图51　听见信息无障碍研发与应用
联合实验室

◎ 图52　包诗淏在调试其为听障
人士设计的字幕眼镜

第八，开放平台赋能产学研创新。人工智能的应用太广泛，仅靠一家公司绝对不可能做得完，所以业界都有明确共识，做帝国注定衰落。要想做产业应用，必须要用开放生态，所以科大讯飞在2010年就做了讯飞人工智能开放平台（图53），目前科大讯飞国家新一代人工智能开放创新平台已开放超490项能力给开发者，他们即使不用懂技术，也能直接拿这个成果迅速做一个新产品（图54）。以前制作一个产品要六个月，现在很多参考设计软硬兼化，一个月甚至一周就能做完。此外，开放平台生态加速发展，1024全球开发者节火爆程度超出预期（图55）。据统计，开发者节共吸引超40000名观众线下逛展，其中有8000位中小学生，线上观众数超过1200万人次。

◎ 图53　讯飞人工智能开放平台

◎ 图54　讯飞开放平台开发者数量与应用数量增长示意图

第九，打造源头技术创新策源地。一是中国科学技术大学与科大讯飞联合组建认知智能全国重点实验室，已于2022年4月顺利通过科技部评议，将作为首批标杆实验室试点运行，实验室将建设成为我国认知智能领域核心技术攻关和解决国家需求的战略科技力量。二是2021年12月，中国科学技术大学与科大讯飞联合组建的语音及语言信息处理的国家工程实验室顺利通过发改委优化整合评估，转建为语音及语言信息处理国家工程研究中心，成为安徽省首批4家工程研究中心之一。该中心将攻克语音产业关键核心技术，支撑国家重大需求，推动技术成果应用，带动产业发展。

◎ 图55　2022年科大讯飞1024全球开发者节现场

　　第十，"讯飞超脑2030计划"让机器人走进每个家庭。"讯飞超脑2030计划"（图56）给出了清晰的阶段性里程碑：第一阶段（2022—2023年），将推出可养成的机器宠物、仿生运动机器狗等软硬件一体的机器人，同期推出专业数字虚拟人家族，担当老师、医生等角色；第二阶段（2023—2025年），科大讯飞将推出自适应行走的外骨骼机器人和陪伴数字虚拟人家族，老人通过外骨骼机器人能够实现正常行走和运动，同期推出面向青少年的抑郁症筛查平台；第三阶段（2025—2030年），最终推出懂知识、会学习的陪伴机器人和自主学习虚拟人家族，全面进入家庭。

　　"十四五"期间，人工智能发展的重要趋势有：万物智能互联时代催生语音语言交互诉求；人口老龄化趋势倒逼民生领域刚需应用；人口出生率下降呼唤工业制造智慧化升级。因此，人工智能是保障社会幸福指数和提升全球价值链竞争力的必然选择。幸福中国、工业强国，都离不开人工智能。但我认为，未来不是属于人工智能的，即便通用智能有突破、有进展，它也没法替代我们人类的创意、灵感、想象力，还有我们的同理心。所以，未来一定属于掌握了人工智能的新人类，属于每一位用人工智能提升我们学习和生活效率的年轻人，我也觉得人工智能将来一定会以解决人类刚需而被载入史册。

◎ 图56　讯飞超脑2030计划

（宋　愿　整理　王金生　审校）

6

中国的航天

过去、现在和未来

报告人介绍

吴伟仁

中国工程院院士，中国探月工程总设计师，深空探测实验室主任兼首席科学家，国际宇航科学院院士。长期从事航天测控通信和深空探测工程总体技术研究与工程实践，是我国深空探测领域的主要开拓者和航天战略科学家。

先后获得国家科技进步特等奖3项、一等奖2项，获何梁何利科学与技术成就奖、钱学森最高成就奖等。鉴于他在航天领域的杰出贡献，被国际宇航联合会授予世界航天最高奖，被国际天文学联合会授予小行星命名。

报告摘要

报告分析了世界航天的新态势，介绍了中国航天的新进展，总结了我国月球与行星探测等重大工程的新成就，展望了航天强国的新征程。

主持人介绍

窦贤康

中国科学院院士，国家自然科学基金委员会主任，1966年1月23日出生于安徽泗县，空间物理学家。1983年考入中国科学技术大学地球与空间科学系，先后获得学士、硕士学位；1985年加入中国共产党；1993年获得法国巴黎第七大学遥感物理专业博士学位后在法国国家科研中心从事博士后研究工作；1995年回国后进入中国科学技术大学工作，先后担任地球和空间科学学院常务副院长、党总支书记、执行院长；2005年至2016年担任中国科学技术大学副校长；2010年获得国家杰出青年科学基金资助；2013年担任中国科学院近地空间环境重点实验室主任；2016年担任武汉大学校长；2017年当选中国科学院院士。

吴伟仁：仰望星空　建设航天强国

在系列科普报告会上，中国探月工程总设计师吴伟仁院士作《中国的航天：过去、现在和未来》报告，分析了世界航天的新趋势，介绍了中国航天的新进展，总结了我国月球与行星探测等重大工程新成就，展望了航天强国的新征程。

吴伟仁指出，当前世界航天发展呈现五个方面的趋势和特点：航天的战略地位更加突出，更加注重创新驱动，外空治理博弈等日趋激烈，商业航天加速发展，深空探测成为航天活动新热点。

我国航天事业开创于1956年，经过60多年几代航天人的接续奋斗，创造了以人造卫星、载人航天、月球探测为代表的辉煌成就，走出了一条自力更生、自主创新的发展道路。进入21世纪，随着航天领域多个国家重大科技专项的启动实施，我国航天事业发展

驶入快车道，自主创新能力大幅提升。特别是党的十八大以来，以习近平同志为核心的党中央高度重视航天事业发展，多次做出重要指示，庄严鸣响了建设航天强国的发令枪，提出"推动空间科学、空间技术、空间应用全面发展"的明确要求，为航天发展指明了方向。

吴伟仁认为，总体来看，我国航天实现了"四个转变"，即科技创新能力显著增强，实现了从"跟跑"到"并跑""领跑"的转变；航天工程体系完整配套，实现由传统模式向现代模式的转变，继美国、俄罗斯之后，成为全球第三个拥有完整产品系列的国家；空间应用服务能力大幅度提升，实现从验证型向业务化应用的转变；开放合作深化拓展，实现从服务国内到造福人类的转变。

党的十八大以来，我国航天重大科技工程不断刷新高度，取得诸多成就，如探月工程"绕、落、回"三个阶段全面完成，"天问一号"成功实现火星着陆、巡视和环绕探月，载人航天工程进入空间站建设新阶段，北斗导航系统实现全球组网，高分专项天基对地"三高"观测能力形成……

我国航天的国际影响力和话语权正不断增大。吴伟仁表示，"党中央的正确领导是航天事业行稳致远的根本保证，新型举国体制是航天工程顺利实施的有力保障，勇于创新是航天事业不断跨越发展的第一动力，精神力量是支撑航天事业发展的不竭源泉，开放合作是走近世界舞台中央的重要途径。"

吴伟仁提出，"航天强国发展设想"可以分两步走，第一步是到2035年左右，跻身航天强国前列；第二步是到2045年左右，全面建成航天强国，成为世界航天发展的领跑者之一。同时，提出要将深空探测实验室打造成具有国际影响力的重要人才中心和创新高地。

各位老师、青少年朋友们，大家下午好！

今天很高兴来参加中国科大组织的2022年科技活动周，给大家报告一下中国航天的一些情况。

近年来，中国航天快速发展并取得了一系列辉煌的成就："嫦娥四号"实现了人类航天器首次在月球背面着陆探测；"嫦娥五号"采集了1.7公斤月壤并安全返回地球；"天问一号"一步实现对火星环绕着陆和巡视探测；北斗卫星导航系统建成并开通，提供全球高精度定位和授时服务，高分辨率对地观测系统完成建设并有效投入使用；我国的载人空间站也即将建成。这些重大进展影响深远，引领了我国的科学发展，彰显了综合国力，也增强了中华民族的凝聚力。

以下给大家介绍中国航天的过去、现在和未来。我国的航天事业最近取得了一系列成就，我现在就围绕这些成就讲一下世界航天的新趋势、中国航天的新进展、重大工程的新成就、航天强国的新征程。

首先，解释一下什么是航天。航天的一般定义是在100千米以上的大气层进行的空间活动的总称，主要包括空间技术、空间科学和空间应用三大领域。国内外都有对航空和航天的定义，我们一般认为航空是在距地球20千米以内的稠密大气层进行的活动，那么20千米～100千米我们一般称为临近空间。航天一般都是在100千米以上进行的活动，当然现在这个界限越来越模糊了，比如说临近空间，现在航天也把它作为一个很重要的开发领域。

世界航天新趋势

人类对广袤宇宙和未知世界的好奇心与生俱来，探索活动与时俱进。1903年俄国科学家齐奥尔科夫斯基提出了著名的火箭方程，标志着现代意义上航天的开端，至今已经走过了100多年的发展历程。科技和工业革命的不断演进，特别是对宇宙奥秘的好奇和强烈的军事需求，推动了世界航天事业的快速发展。人类航天的第一个发展历程，大体上可以概括为初创于"二战"时期，加速于冷战时期，壮大于当代。

一、发展历程

在"二战"时期，德国著名的科学家冯·布劳恩主持研制成功世界首枚导弹，实现了航天从理论研究到工程实践的跨越，开创了现代军事史上实施航天远程打击的先河。

冷战时期，美国和苏联①在全球争霸，开展了激烈的太空竞赛。1957年10月4日，苏联发射人造地球卫星，1961年4月12日苏联宇航员加加林第一个进入太空，环绕地球飞行。1969年7月20日，美国人阿姆斯特朗首次登陆月球，迈出了人类在地外天体行走的第一步。之后美国和苏联在空间站、航天飞机和深空探测领域开展了此起彼伏的激烈竞争。

这一时期的主要特点可以总结为政治因素主导、任务规模庞大、需要经费投入。之后，美国和苏联在空间站、航天飞机和深空探测领域进行竞赛，在取得巨大成绩的基础上进入冷战。之后，多个国家积极参与航天事业并不断发展壮大。目前已经有12个国家具备了航天发射能力，70多个国家和地区拥有自己的卫星，1万多颗卫星发射升空，4000多颗卫星在轨道上正常运行，几乎所有的国家都在使用空间服务，260多名宇航员曾经在太空中生活和工作，其中21名宇航员献出了宝贵的生命（图1）。这21名宇航员主要来自美国和苏联，人类已

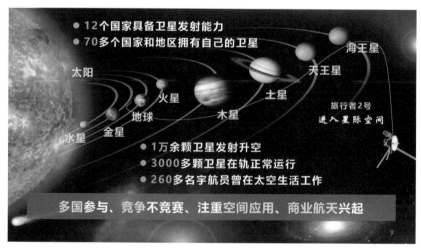

◎ 图1　多个国家积极参与航天事业的成效

---

① 苏联，即苏维埃社会主义共和国联盟，是存在于1922—1991年的社会主义国家。

经把生存和生活的空间拓展到了大气层外，人造航天器已经到达太阳系的边际，距地球最远有200多亿千米。多个国家参与竞争而不竞赛，注重空间应用，商业航天兴起应该说是这一时期的主要特点。

二、发展格局

目前，世界航天已经形成了"一超三强"的局面（图2），一超是指美国，三强主要是中国、俄罗斯、欧洲航天局。

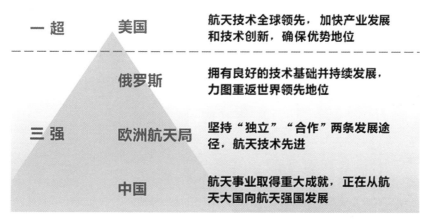

◎ 图2　目前世界航天的发展格局

作为超级航天强国，美国在空间技术、空间科学、空间应用等领域保持领先优势。近年来，它在以《航天法》为核心的法规体系的保障下，以一系列国家太空政策为引导，坚持空间控制空间，谋求绝对优势的主导思想，大力发展航天能力，并谋求以颠覆性技术引领世界航天发展。俄罗斯属于传统的航天强国，曾经创造了多个世界第一，近10年来正在通过恢复能力、巩固能力、取得突破三步走的战略，加快恢复过去的航天工业和技术能力，力图重返世界航天的领先地位。欧洲以德国和法国为核心，22个国家联合成立了欧洲航天局，既坚持独立的发展，又特别注重与美国在重大航天项目上的合作，在运载火箭技术、对地观测技术、测控通信技术、空间科学等领域具有独特的领先优势。

此外，我国的两个邻居——日本和印度，航天发展得也很有特色。日本在

美国的支持下，在卫星应用、深空探测等领域处于国际先进水平，特别是它的"隼鸟2号"探测器，在世界上首次成功进行了对小行星的探测，并将在"龙宫"小行星采集到的样品带回了地球（图3）。印度在美国、俄罗斯和欧盟的指导下，在对地观测、深空探测等领域进展迅猛，成为亚洲首个实现火星环绕探测的国家。

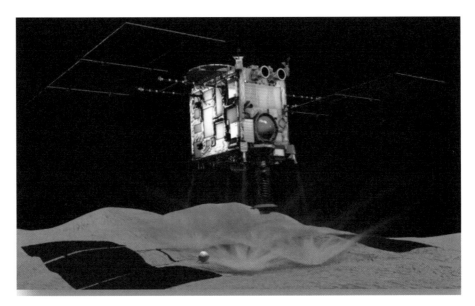

◎ 图3 "隼鸟2号"首次实现在"龙宫"小行星上采样

三、发展趋势

当前世界航天发展呈现出以下五个方面的趋势和特点：

第一个趋势是航天的战略地位更加突出。各个国家特别是航天强国、大国，充分意识到"谁控制了宇宙，谁就控制了地球；谁控制了空间，谁就控制了战争的主动权"。近年来，美国、俄罗斯、日本和法国等国家都纷纷成立了"天军"，竞相发展太空军事力量，包括空间信息支援、太空态势感知、空间攻防对抗。主要体现在三个"强化"上：一是强化战略引领，把航天作为国家战略的重要组成部分，予以优先安排。比如说美国历届政府都确保美国在太空领域的领导地位和全球领先优势，并将此作为国家战略的核心。二是强化集中领导，纷纷建立了总统或者总理亲自决策和部门职责权限明晰的管理体制。三是强化规划推进，瞄准长远的发展目标，制定未来10~30年的发展规划，分步实施，持续推进，避免一事一议。

第二个趋势是更加注重创新驱动。创新是航天发展的强大引擎，主要航天国家均采取有效措施，加强核心技术创新，着力提升能力和水平。一是加快航天装备和系统技术创新。各个国家都在加快推进航天器向多任务适应性、快速发射、低成本和可重复使用的方向发展。美国、俄罗斯均在采用最新技术研制近地轨道运载能力达到100吨以上的重型运载火箭。卫星发展也由传统的一星多用，向多星组网、多网协同的体系化、智能化方向发展，并呈现出微小型卫星、高性能卫星、巨型卫星星座等发展趋势。二是高度重视前沿和颠覆性技术创新。美国加快推进在轨维修和在轨制造、人工智能、新型空间能源与动力等方面的前沿颠覆性技术研究，以确保其长期领先地位。欧洲航天局重点发展微波测绘、高光谱成像遥感、空间天文等方面的前沿技术，保持在局部领域小而精的竞争优势。三是注重航天工业基础能力创新。美国加快实施国防工业数字化战略，建设以数字化模型为中心的数字化工程系统，持续加大对研发、生产、实验、测试等基础设施的投入，着力构建灵活健康、经济高效、竞争力强大的工业基础。

第三个趋势是外空治理博弈与资源争夺日趋激烈。一是国际规则的主导权在不断加剧。围绕航天新秩序的构建，主要航天国家激烈争夺国际规则制定的主导权，比如外空活动长期可持续发展的准则、防止外空军备竞赛等国际谈判和国际规则的竞争呈现白热化的局面。二是太空战略资源争夺激烈。除空间的轨位频率竞争加剧以外，其他星球上的矿产资源也日益成为航天大国的博弈新领域。如美国在阿尔忒弥斯计划中出台了相关法律，否认太空是全球公域，鼓励美国私营企业和个人对月球、火星、小行星进行商业开发，正在构建月球的"小北约"，已经有美国、加拿大、日本、韩国、比利时等19个国家加入此计划，在月球上准备划分安全区，进行"跑马圈地"。

第四个趋势是商业航天加速发展。近年来，航天大国加快推动发展模式转变，逐步形成了国家主导、市场参与、全球配置的多元化发展格局。商业

化的趋势在加速，国家大力扶持商业航天发展，通过鼓励技术成果转移，支持参与国内外市场竞争，允许租用航天发射场等大型基础设施手段，商业航天企业深度参与了国家航天计划。新兴商业航天企业成为航天发展的重要力量。

第五个趋势是深空探测成为航天活动新热点。一是月球和行星探索作为世界航天领域最前沿的科技创新活动，正在成为大国博弈的角力场和战略制高点（图4）。各个国家都纷纷出台了月球探索计划，美国计划2024年让宇航员重返月球，已联合36个"志同道合"的国家在月球上建立大本营；俄罗斯计划2030年前实施5次月球探测任务，并在月球南极建立月球基地。二是远的新型探测能力已经成为航天强国的重要标志。比如美国计划于2030年实现载人登陆火星；美国的马斯克提出邀约，在美国组织100万人向火星移民；阿联酋计划10年内探索金星和小行星，2023年发射月球车，2026年建造首座太空酒店。人类的深空探测活动已经进入空前活跃的新的发展阶段，这是世界航天的发展态势。

◎ 图4　人类对月球和行星的探索计划

中国航天新进展

一、我国航天事业发展的三个阶段

我国航天开始于1956年，首先是从研制导弹起步的，至今已经走过了60多年的发展历程，大体上可以分为三个阶段（图5）。

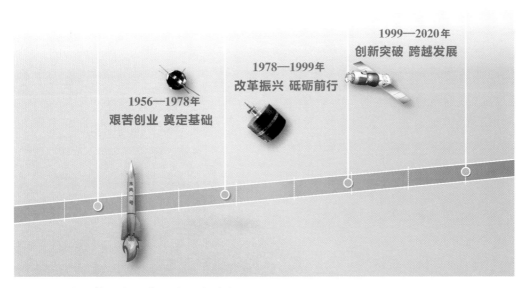

◯ 图5　我国航天事业发展的三个阶段

　　第一阶段是从1956年到1978年，任务是艰苦创业，奠定基础。1956年初，毛主席在极端艰苦的条件下，面对冷战大幕已起，美苏争霸愈演愈烈的国际局面，高瞻远瞩地提出："从现在开始，我们要抓紧时间埋头苦干，争取在第三个五年计划的末期，使我国的原子能火箭等最急需的科学技术接近世界先进水平。"1956年2月16日，钱学森受周恩来的委托，起草了建立我国国防航天工业的意见书，提出了发展火箭导弹工业的建议。1956年10月8日，我国第一个火箭导弹研究机构——国防部第五研究院正式成立，由钱学森任院长，拉开了中国航天发展的序幕。以自力更生为主，在争取外援和利用资本主义国家已有科学成果方针的指引下，1960年5月，我国成功试射了"东风一号"导弹，此后又规划实施了"八年四弹"，用八年时间研制了四种导弹，为我国战略核力量的建立和发展提供了有力的武器保障，也为发射人造卫星创造了条件。1970年4月24日，"东方红一号"卫星成功发射（图6），标志着我国成为继苏联、美国、法国、日本之后第五个把卫星送上太空的国家。

　　第二阶段是从1978年到1999年，这个阶段的特点是改革振兴，砥砺前行。改革开放以来，我国确定了以经济建设为中心的指导方针，开始大力发展应用

卫星和卫星应用。1984年4月，第一颗地球同步通信卫星"东方红二号"在西昌发射成功。1988年9月，我国第一颗气象卫星——"风云一号"进入太空。航天服务国民经济发展进入了一个新的阶段。20世纪90年代，我国开始承揽国际商业航天发射服务，先后向美国、澳大利亚等国家提供商业国际发射服务，得到了世界各国的广泛认可。1992年9月，载人航天工程正式立项实施。1999年，"中巴地球资源卫星"发射成功，填补了我国传输性对地遥感卫星的空白。

◎ 图6 《人民日报》刊登的"东方红一号"卫星
成功发射新闻

第三阶段是从1999年到2020年，这个阶段的特点是创新突破，跨越发展。进入21世纪，随着航天领域多个国家重大科技工程的启动，我国航天事业发展驶入了快车道，自主创新能力大幅度提升。特别是党的十八大以来，以习近平同志为核心的党中央高度重视航天事业的发展，多次做出重要指示，庄严打响了向世界航天强国进军的发令枪，提出了要推动空间科学、空间技术、空间应用全面发展的要求，为发展航天指明了方向。

近年来，以"长征五号"为代表的新一代运载火箭研制成功，我国运载火箭进入无毒、无污染的大推力时代，可以满足更广泛的发射需求。以中星为代表的通信卫星，以资源、海洋、风云为代表的遥感卫星和“北斗三号”导航卫星组成的国家民用空间基础设施不断完善，业务应用服务在持续稳定地运行。

2016年，经党中央批准，将每年的4月24日确定为“中国航天日”（图7），这成为激励广大青少年学习航天、热爱航天、参与航天的重要平台。确定4月24日为航天日，是因为我国第一颗卫星是在1970年4月24日发射的。

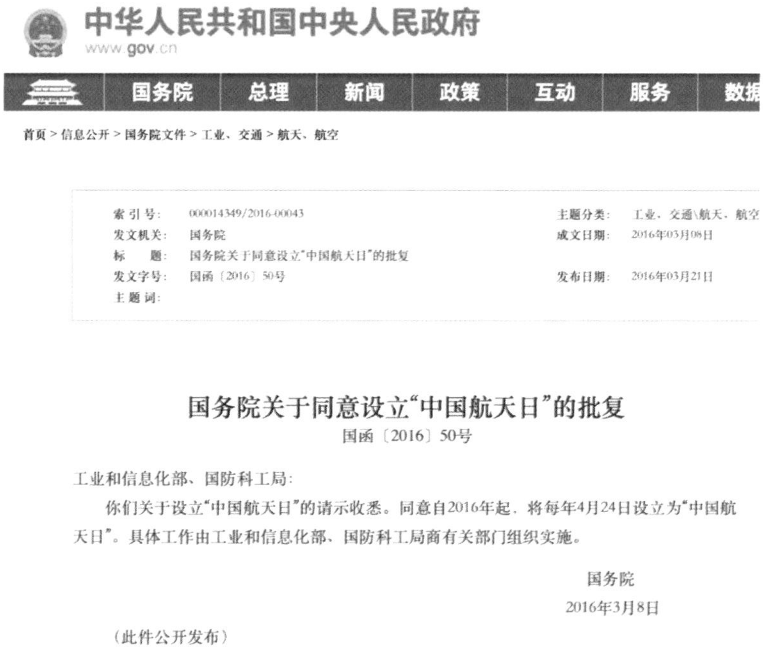

中华人民共和国中央人民政府
www.gov.cn

国务院 总理 新闻 政策 互动 服务 数据

首页 > 信息公开 > 国务院文件 > 工业、交通 > 航天、航空

索引号：	000014349/2016-00043	主题分类：	工业、交通\航天、航空
发文机关：	国务院	成文日期：	2016年03月08日
标题：	国务院关于同意设立“中国航天日”的批复		
发文字号：	国函〔2016〕50号	发布日期：	2016年03月21日
主题词：			

国务院关于同意设立“中国航天日”的批复

国函〔2016〕50号

工业和信息化部、国防科工局：

你们关于设立“中国航天日”的请示收悉。同意自2016年起，将每年4月24日设立为“中国航天日”。具体工作由工业和信息化部、国防科工局商有关部门组织实施。

国务院

2016年3月8日

（此件公开发布）

图7　国务院关于同意设立“中国航天日”的批复

我国在国际合作方面的影响力和话语权也在稳步提升。商业航天迅猛发展，涌现出一批从事火箭、卫星研制和卫星应用的民营初创企业，多型火箭发射升空，百余颗商业微小卫星发射入轨，卫星应用开启商业化模式，为我国航天发展注入了新的活力和动力。

从“十四五”开始，我国航天迈入了加快建设航天强国的新阶段。我们在北京南边的亦庄开发区有火箭一条街，有10多个火箭公司都注册在那里；而在北京的北边，不是一条街了，是好多条街，有很多卫星公司在那里应运而生。

二、我国航天事业发展的四个转变

六十多年来，在中共中央、国务院、中央军委的坚强领导下，经过几代航天人的连续奋斗，我们创造了以人造卫星、载人航天、月球探测、火星探测四大里程碑为代表的辉煌成就，走出了一条自力更生、自主创新的发展道路，实现了"四个转变"，我国已经昂首迈入了世界航天强国的前列。

第一个转变是科技创新能力显著增强，实现了从跟跑、并跑向领跑的转变。载人航天、月球探测这些大工程的实施取得了若干战略成果，成为国家科技创新的时代标志。截至2022年5月9日，长征系列运载火箭到目前为止已经进行了420次发射，成功率高达98％，能够实现对高轨卫星、中轨卫星和低轨不同轨道及大中小不同种类的航天器的发射。长征系列运载火箭第一个100次发射用了37年，第二个100次发射用了7年，第三个100次发射用了4年3个月，第四个100次发射只用了33个月。近两年发射的力度进一步加大，实现了90余次发射。高密度发射已经成为常态化，比如说2022年我国的航天发射要超过60次。2016年11月，"长征五号"火箭在海南文昌发射场首飞（图8），把低轨运载能力由8吨提高到25吨，标志着我国低轨和高轨的运载能力跃居世界前列。

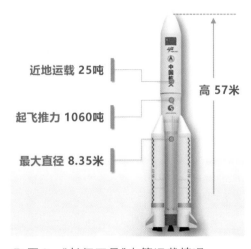

近地运载 25吨

高 57米

起飞推力 1060吨

最大直径 8.35米

◎ 图8 "长征五号"火箭运载情况

在人造卫星方面，我国构建了以通信、导航、遥感为主体的应用卫星体系。目前全球在轨运行的5000多颗卫星中，我国拥有500多颗，排名世界第二，美国排名世界第一。美国之所以有这么多颗卫星，是因为马斯克发射了很多小卫星。我国通信卫星研制水平大幅度提升，研制了大容量、长寿命、高可靠性的东方红三号、四号和五号通信平台。在北斗导航系统方面，我国发射了55颗卫星，已实现了全球覆盖，实时定位精度达到米级，成为与美国GPS、俄罗斯"格洛纳斯"，还有欧洲"伽利略"比肩的全球四大导航卫星系统之一。遥感卫星系列也进一步完善，已经形成了气象、海洋、资源、测绘、环境、减灾等系列卫星。风云气象卫星已经成为国际气象组织的"值班卫星"。

在空间科学方面，我们聚焦科学前沿，拓展人类认知边界，全面开展空间天文、空间物理、月球与行星科学、空间地球科学等重要领域的实验研究，先后发射"慧眼""悟空"等科学卫星（图9），在验证射线、观测暗物质、粒子探测空间、量子状态等方面取得了系列原创性成果。依托载人航天和探月工程，在微重力材料科学、生命科学和医学方面也取得了突破性进展。首次开展月球背面的科学探测，在月球科学研究领域处于世界前列。空间科学研究已经从过去的一般性观测、验证性重复研究，向先导性实验、原创性创新实验转变。

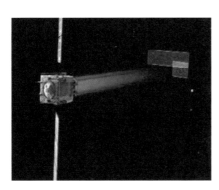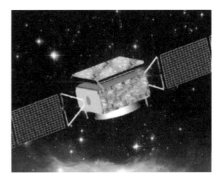

◎ 图9 "慧眼"卫星（左）和"悟空"卫星（右）

第二个转变是航天工程体系完整配套，实现了从传统模式向现代模式的转变。我们的科研生产试验体系不断完善，在北京、上海、天津、西安、成都等地建成了一批研发平台、重大科研实验设施和生产基地，具备了自主研发火箭、卫星、飞船、探测器、空间站等各类宇航产品的研制生产能力。

继美国和俄罗斯之后，我国是第三个实现火箭、卫星、飞船、探测器、空间站完整产品系列化的国家。我们在工艺技术方面，包括车、铣、刨、磨、钻、钳、焊等各方面都达到国际先进水平。近年来，我国年度发射数量也居世界前列。我们的发射和测控通信体系也在不断优化，在酒泉、太原、西昌有三个航天发射场，海南文昌发射场在2016年也投入了使用。目前，形成了沿海、内陆相结合，高、低纬度覆盖，多种射向兼容的航天发射场布局，可基本满足各类航天器的发射需求。我国的航天测控通信网布局也在不断优化，形成了陆、海、天基一体的航天测控通信网。探月工程的研制，带动了我国最大口径为70米的深空测控通信网的建设。我国深空测控站分别位于喀什、佳木斯和阿根廷，测控通信能力实现了由过去的4万千米近地空间，向数十亿千米甚至上百亿千米星际深空的重大跨越，成为与美、欧比肩的世界三大深空测控网之一。

我国在工程管理体系方面更加科学规范。航天工程技术密集、系统复杂，所以参与单位和人员众多，比如探月工程，直接和间接参与科研人员多达七八万人，研制单位近2000个。中国航天充分运用系统工程管理的理论和方法，创建了一整套行之有效的工程管理体系，形成了严慎细实的工作作风，特别是创新提出了技术规定和管理规定的"双五条"标准，成为国际标准，为世界航天贡献了中国智慧。在航天领域也走出了不少领导干部，比如说湖南省、黑龙江省、浙江省、广东省、新疆维吾尔自治区的一些领导干部都是从航天系统出来的，他们在管理的过程中讲航天的流程图、系统工程图，实际上都是航天工程管理的一系列方法和理论。

第三个转变是空间应用服务能力大幅度提升，实现了从试验性应用向业务化应用转变，有力地支撑了国防和国家安全。天基信息体系通过提供多功能、多链接、高精度、高时效的天基应用服务，有力增强了国家安全，为我国在全球确立大国地位奠定了战略基石。

空间应用广泛服务于经济社会发展。当前航天也深入到社会和经济各个领域，在资源开发、环境保护、减灾防灾、防控、应急、交通、物流等领域发挥了不可替代的作用。比如说在通信领域，我国构建了卫星通信和广播电视传输网，截至2020年底，通信卫星"村村通，户户通"工程，服务总数已经达到了1.46亿户，解决了我国边远地区的通信难题。在遥感应用领域，海洋卫星遥感数据为我国海洋环境监测，特别是对南海地区的监测提供了重要的信息支撑。气象卫星已经纳入国际气象组织的信息网络，为全球提供有效的服务。在导航应用领域，"北斗"已产业化地应用于汽车、轮船、飞机、智能手机等，"北斗"芯片终端已经超过了10亿台。

同时扎实推进航天技术的成果转移转化。目前已经有3000多项航天技术成果移植到国民经济的各个领域。近年来，我国开发的1000种新材料，大概80％是在航天技术的牵引下完成的。航天成果转移转化推动了新能源、新材料、节能环保等新兴产业的发展，孕育了太空制药、太空育种、太空农业等一些新业态（图10）。

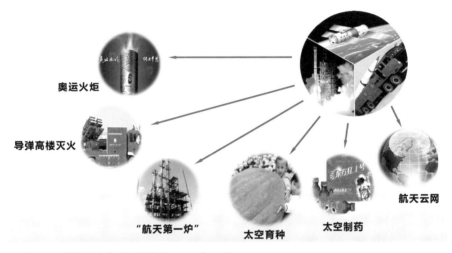

○ 图10　航天技术转移转化的六个方面

第四个转变是开放合作深化拓展，实现了从服务国内到造福人类的转变。以航天科技和航天科工为主的中央企业、科学院，包括香港、澳门、台湾在内的一些高等院校，还有国有企业以及民营企业等共同建立了大航天、大协作的协同机制，涵盖了从基础研究、应用研究、技术攻关，到工程实施的全创新链条，有力地保障了航天技术快速发展。

近年来，清华大学、哈尔滨工业大学、北京航空航天大学等一些高校以及大批的火箭卫星制造民营企业，积极参与技术研究和工程研制，并取得了有特色的标志性成果，已经成为航天发展的重要生力军。

国际交流与合作方面也成效显著。在和平互利的基础上，国家航天局和很多国家签署了航天合作协定，深度参与了联合国外空委的一些国际组织，牵头发起了"一带一路"空间信息走廊、亚太空间合作组织、金砖国家遥感卫星星座等一些项目。

2021年，我国与俄罗斯正式启动了国际月球科研站的方案论证，共同发布了《国际月球科研站路线图（V1.0）》和《国际月球科研站合作伙伴指南（V1.0）》，邀请有兴趣的国际伙伴共同参与。我国的航天影响力、话语权在不断增强，宇航产品和服务出口不断扩大，实现了中国航天"走出去"战略，形成了商业航天发射、搭载服务以及整星和地面系统出口等多种合作模式，我们的各类宇航产品现在已经出口到亚洲、欧洲、非洲、美洲，成为我国高端装备"走出去"的一张新名片。

三、重大工程新成就

下面介绍几个有影响力的项目。

（一）探月工程"绕、落、回"三步走全面完成

一是探月工程"绕、落、回"三步走已全面完成（图11）。这项工程从2004年实施以来，按照既定的"绕、落、回"三步走的战略，完成了"嫦娥一号""嫦娥二号""嫦娥三号""嫦娥四号"和"嫦娥五号"，共六次无人月球探索任务，实现了六战六捷。

"嫦娥一号"首次实现绕月探测，实现中华民族的千年奔月梦想。"嫦娥二号"首次对月球、日地L2点和小行星"一探三"，获得了国际上至今保持的7米最高分辨率的全域图，使我国跨入了深空探测的新时代。"嫦娥三号"实现地外天体软着陆和巡视勘察一次成功，创造了月面工作时间最长的世界纪录。为什么说一次成功不容易呢？苏联当年想实现月球着陆，尝试了多种方案，屡战屡败、屡败屡战，最后第17次成功了。当然，所处的时代是不一样的，我们是一次成功。用俄罗斯人的话说，他们当年是盲降在月球上，盲降是没"眼睛"，我们现在是睁着"眼睛"下去的，所以他们很羡慕我们。2018年"嫦娥四号"成功发射，实现了人类航天器首次在月球背面着陆与巡视探测，树立了世界月球

探测新的里程碑,发射了世界上最远的月球中继卫星——鹊桥号。第一次自主研制了空间核电源,在国际上首次实现了对月球背面地形、地貌、地质结构空间环境的探测,使我国月球科学研究迈入了世界前列。

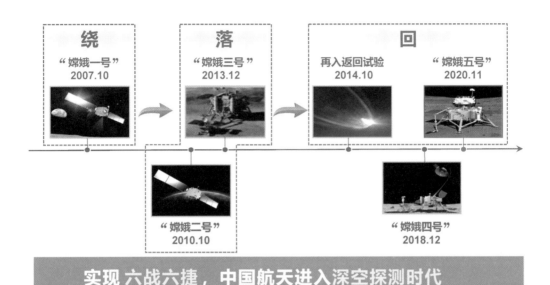

实现 六战六捷,中国航天进入深空探测时代

◯ 图11　探月工程"绕、落、回"三步走全面完成

这里给大家介绍一下,我们第一次研制的空间核电力。发射"嫦娥三号"时,我们用的空间核电源是从俄罗斯购买的,在月球背面零下190多摄氏度的情况下,以及正面高温的情况都能够正常运行,而且能够连续工作很长时间。"嫦娥四号"在月球背面着陆又需要核电源,当时我们又向俄罗斯买,但是怎么谈他们都不肯卖给我们。

在这种情况下,我国的科技工作者坚持独立自主,自力更生,自己研制,最后我们用自己的核电源登上月球了。

"嫦娥四号"探月工程取得了一系列重大科研成果,产生了重大国际影响,成功研制了我国首个同位素电源产品,使我国成为国际上第三个实现同位素电源在空间应用的国家;首次开展月表密闭环境下的生物科普实验,成功培育出了棉花种子幼苗,进一步激发了广大青少年的科学探索热情。"嫦娥四号"也揭开了月球背面地下结构的面纱,经过国际天文联合会批准,着陆点被命名为

"天河基地"，成为继"阿波罗11号"着陆点被命名为"静海基地"之后国际上第二个以基地名称命名的着陆点。对此，美国、欧洲航天专家也给予了高度评价，"嫦娥四号"获得了系列国际大奖。

2020年发射"嫦娥五号"，实现了地外天体返回，我国成为世界上第三个月球采样返回的国家，为未来载人登月验证了月面起飞、月球轨道交会对接、高速再入返回的一系列关键技术。我们采样1.7千克，超过了苏联三次在月球采样的总和（300多克）。

"嫦娥五号"任务的成功实施在国内产生了重大影响。2021年1月18日，国家航天局发布了《月球样品管理办法》。月球样品十分珍贵，一部分已经被国家博物馆永久性收藏，一部分发放给国内有关科研单位进行科研研究，其中也有中国科大，还有一部分将作为国礼赠送给有关国家。2021年2月22日，习近平总书记专门接见了参研参试人员代表，并参观了月球样品和探月工程成就展。

（二）"天问一号"成功实现火星着陆

"天问一号"于2020年7月成功发射，2021年5月着巡组合体成功在火星预选着陆区着陆，"祝融号"火星车能够在火星表面开展巡视探测（图12）。目前，"天问一号"已经取得了一系列探测成果，获得了高分辨率的图像，火星岩石纹

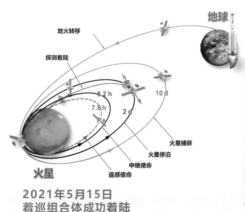

◎ 图12 "天问一号"成功实现火星着陆

理特征以及火星表面尘土覆盖情况都清晰可见。"天问一号"进一步实现了火星环绕、着陆和巡视探测，开启了我国行星探测新征程。我国成为继美国之后第二个在火星上着陆探测的国家。

（三）载人航天工程进入空间站建设新阶段

我国载人航天工程是从1992年开始的，制定了载人航天工程"船、室、站"三步走的发展战略。截至目前，我们已经发射了13艘神舟载人飞船、4艘天舟货运飞船、2个天宫空间实验室、1个"天和号"空间站核心舱，先后将14名宇航员共23人次送入太空。目前已经完成"船、室、站"三步走的前两步，现在是第三步，也就是空间站建设新阶段，而且要在2022年年底前建成（图13）。

2021年"天和号"核心舱发射升空，紧接着"天舟三号"货运飞船进行对接，今年"天舟四号"又去对接。我国宇航员从过去一天绕地球飞行，后来是多天，然后是3个月，这次是飞行6个月，飞行的天数越来越多。2022年4月16日，"神舟十三号"飞船着陆以后，习近平总书记说他们几位宇航员在上面出差了183天，创造了中国在轨飞行最长纪录。王亚平成为中国航天飞行员中在天上累计时间最长的一位女士。

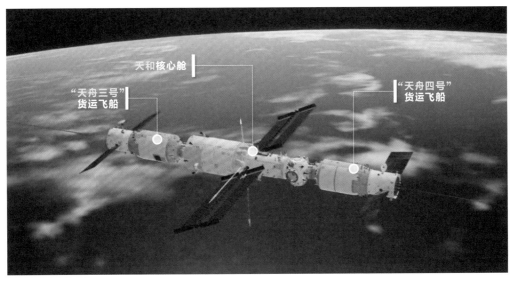

图13 中国空间站建设

（四）北斗导航系统实现全球组网

1994年，我国开始启动北斗导航系统功能建设，也是按照"三步走"的战略来推进的："北斗一号""北斗二号"系统向国内和亚太地区提供服务，"北斗三号"系统向全球提供服务。"北斗三号"星座一共有30颗卫星（24颗中圆地球轨道卫星、3颗地球静止轨道卫星、3颗倾斜地球同步轨道卫星），核心器件实现了100％自主可控，定位精度、授时精度等性能指标达到国际一流水平。除了可以提供一流定位、授时服务以外，它还可以提供一种短报文通信、国际搜救等多种特色服务。目前，全世界一半以上的国家都开始使用北斗系统，北斗的终端产品已经出口到120多个国家和地区。

近年来我国的卫星导航与位置服务产业迎来了大爆发。根据中国卫星导航定位协会统计，其2020年产值已经突破4000亿元。当前，卫星导航已经进入5G网络、卫星宽带等支撑服务领域，万物互联的智慧时代即将来临。

（五）高分专项天基对地三高观测能力形成

2010年，我国高分辨率对地观测系统正式立项实施，统筹建设天基、临近空间、航空、数据中心和应用五大系统，构建天、空、地三个层次观测平台，形成高空间分辨率、高时间分辨率、高光谱分辨率和高精度观测的时空协调、全天候、全天时的对地观测系统；整合并完善地面资源，建立对地观测数据中心和应用系统等地面支撑和运行系统，服务于国民经济建设、社会发展和国防建设的战略需求。

天基系统主要由20多颗卫星组成，形成了高空间分辨率、高时间分辨率和高光谱分辨率的三高观测能力。空间分辨率由过去的2米级提高到0.5米级；时间分辨率由过去2～4天才经过一个地区，提高到现在在特定区域可以分钟级达到，同时实现全天时、全天候观测能力；光谱分辨率由过去单一频段提高到了红外、可见光、紫外等全频段；立体测绘精度由1:50000万提高到1:10000。在民用领域，高分辨率卫星数据已经实现了进口替代，在资源普查、防灾减灾、农业估产、生态保护、城市规划等方面发挥了重要的作用，得到了广泛的应用，成为政府治理体系和治理能力现代化的重要信息技术支撑。

上述五个重大工程实施，标志着我国从第二梯队进入第一梯队，已经跻身于世界航天强国的行列。

通过这一系列工程实施，我们有几点体会：

一是党中央的正确领导是航天事业行稳致远的根本保证。从"两弹一星"工程、载人航天工程到探月工程，我国航天事业的每一个重大决策，每一次急难险重任务的完成，都凝聚着党中央的亲切关怀和全国人民的大力支持。特别是党的十八大以来，习近平总书记多次重要批示，重大任务实施过后都亲临一线进行指导，亲切接见那些参研参试代表，极大鼓舞了航天全线同志的士气，极大增强了航天全线同志的信心和决心，有力推动了我国航天事业的快速发展。

二是新型举国体制是航天工程顺利实施的有力保障。航天工程技术挑战多，实施难度大，任务风险高，是一项复杂的大系统工程，得到了各个方面的保障。全国数千家单位、数万名科技工作者参与研制。我们的新型举国体制有两个特点：一是一定要有民营企业参与；二是一定要有竞争，通过竞争获得最好的技术、最低的成本，保证投入少、产出多、质量高。

三是自主创新是航天事业不断跨越发展的第一动力。我国航天事业是一代又一代航天人自力更生、自主创新的创业史。我国航天事业起步晚、底子薄，而且长期受到西方国家的打压和封锁，但是我们始终瞄准前沿，立足国情，坚持创新，所以实现了中国航天不断跨越和重大工程的连续成功。特别是探月工程，自2004年立项以来，已经实现了六战六捷，在国家16个重大科技工程中，我们率先实现了"三不一超"（指标不降，进度不拖，经费不涨，超额完成任务）。

四是精神力量是支撑航天事业发展的不竭源泉。航天事业充分体现国家意志，一代又一代航天人坚持国家利益高于一切，心怀梦想，团结协作，孕育了"两弹一星"精神、载人航天精神和体现时代特色的探月精神。正是这些精神激励着航天人，推动了我国航天事业不断从胜利走向胜利。航天精神也激发了广大青少年热爱科学、勇于探索、敢于创新的热情，提高了我们的民族凝聚力。

五是开放合作是走近世界舞台中央的重要途径。航天系列工程的国际合作充分展现了大国实力和中国航天开放包容的积极态度，有力地推动了空间科学、空间技术、空间应用的发展，推动了人类命运共同体的构建，有力地服务于我们国家的政治和外交，提升了中华民族在国际舞台的话语权和影响力。

四、航天强国新征程

习近平总书记发出了"探索浩瀚宇宙，发展航天事业，建设航天强国，是我们不懈追求的航天梦"的伟大号召，为我们指明了方向。我们将按照党中央的部署，坚持不跟风、不竞赛，坚持战略自信，坚持战略定力，力争在2035年跻身于世界航天强国的前列，2045年全面建成航天强国。

要建设成为航天强国，从现在开始，可以分为两个阶段：

第一个阶段是到2035年，实现整体跃升，跻身于前列。进出空间、利用空间、探索空间的能力要全面提升；要建设以国家实验室为引领的航天战略科技力量，在重点领域实现并跑或者领跑。

一是要完成直径10米级的无毒、无污染的运载火箭的研制和飞行实验，我们称为新一代重型运载火箭。现在长征五号运载火箭的在近地轨道最大推力为25吨，我们要研制百吨级的近地轨道推力，比现在要提高4倍，要大幅度提升我国进出空间的能力。运载火箭的能力有多大，航天的舞台就有多大，所以火箭是很关键的。

二是要全面建成新的空间基础设施，实现通信、导航、遥感一体的高、中、低轨道协同发展，大幅提高全球信息感知、高速传输、高效应用的能力。现在我们的通信卫星、导航卫星、遥感卫星都分开了，以后要一起发展，要一体化，这是我们以后发展的方向。

三是要建成并长期持续运营中国空间站，开展商业化运营活动，使其成为探索太空前沿、带动空间科技发展的国家太空实验室和国际空间合作的重要平台。

四是要实施探月工程四期，在南极基本建成长期无人值守、短期有人照料的月球科研站。现在党中央已经批了，正在进行中。

五是重大工程要实施行星探测，要实现火星或小行星取样返回。估计从火星上采样的重量应该和从月球上采样的重量大体差不多。2021年底，探月工程四期和新行星探测工程已经获党中央正式批准立项。

六是实现小行星在轨处置演示验证任务，通过一次任务，实现对目标小行星"撞得准、推得动、测得出、说得清"，形成精确制导控制、瞬时作用撞击偏转、天地联合评估，填补我国小行星防御在轨处置的空白。近年来深远空间的小行星连续多次光顾地球或者在地球附近擦肩而过，引起我国科学家和政府的高度重视。小行星撞击地球是极小概率事件，但是也是危害极大的事件。

大约在6000万年前，恐龙灭绝了。科学家认为这是因为一个直径10千米的小行星撞击地球导致的，小行星撞击地球后，地球周围多年空气稀薄、尘土飞扬，很多大型动物和植物死亡。小行星总是过一段时间光顾一下地球，19世纪到20世纪间也有好几次撞击，包括对俄罗斯、对我们国家东北地区。联合国确定了对人类生存的二十大灾害，认定小行星的撞击为二十大灾害之首。

我国在完成一系列月球探索、火星探索任务的同时，正在规划对潜在威胁地球的小行星实现探测、预警、在轨处置和地面应急救援。我们制定这方面的规划，希望能够选择一个小行星对它进行实验。在这方面，我们也希望中国科大能够充分参与这项工程。

第二个阶段是到2045年我国全面建成航天强国。这个主要是实现超越、引领，总体实力比肩世界上最强大的航天国家，成为航天发展世界领跑者之一。要取得四大标志性成果：

一是要实施载人登陆火星，希望把中国人送上火星，开展火星资源的勘查利用，拓展人类生存空间。

二是要建成功能完备、长期运行的国际月球科研站，既可以深度开发利用月球，又可以形成对地长时间、大尺度观测，还可以作为去其他行星的中转站，实现月球持续深度开发和利用。

三是要实现对木星系或行星际穿越，开展太阳系边际探测，探测到达100亿千米以外的外太空。也有人认为太阳系边际就是太阳系边缘。我们咨询天文学家，认为太阳系边际有两种定义：一种就是太阳风和宇宙风平衡的地方，大概离地球150亿千米；另外一种就是太阳引力消失的地方，就很远了，可能要上千上万亿千米幅度，这个范围很大。所以我们现在定义太阳系边际就把它定义成太阳风和宇宙风平衡的地方，大概150亿到200亿千米的地方。

四是要研制航班化的天地往返运输系统，实现航天器在地面水平起飞、水平着陆。就像现在飞机一样，快速、低成本进出空间，可以实现一小时内全球抵达，培育地月经济圈，发展壮大大众化的太空旅游和产业化的在轨制造。

　　面对国际航天特别是深空探测领域激烈的竞争态势，为了有力地支撑航天强国建设，国家航天局、安徽省人民政府、中国科学技术大学三方，共同组建了深空探测实验室，总部设在合肥，是开展战略性、前瞻性、基础性研究的新型研发机构，是国家深空探测领域重大科技工程的重要支撑，也是国际合作交流、高端人才培养的重要平台。将据此进一步创建国家深空探测实验室，力争成为具有国际影响力的重要人才中心和创新高地。

　　实验室目前主要聚焦于四个领域，第一是深空技术，第二是深空科学，第三是深空资源利用，第四是小行星防御，共确定了12个方向。

　　深空探测实验室采用全新的体制机制运行，将广泛吸纳相关领域的骨干人才。在这里也欢迎大家积极投身于我国的深空探测事业。我觉得深空探测事业对我们国家来说是一个朝阳产业。党中央、国务院特别支持我国开展深空探测领域的探索，因为我们总是要寻找未知，这是我们人类的本性；同时如果若干年后太阳消亡，太阳系不存在了，那么人类一定要找到宜居的第二个星球，找到我们人类未来生存的方向，这项工作是持续的、长期的。

　　深空探测实验室目前的进展还是不错的，欢迎中国科学技术大学的学生以及其他一些有志于深空探测的青年才俊进入这个领域。

　　今天我向大家简要地介绍了一下我国航天的过去、现在和未来，也希望我们一起仰望星空，探索宇宙未知，服务人类文明。

　　我的报告到此结束。谢谢大家！不对的地方希望大家批评指正！谢谢包校长、窦校长以及今天的各位听众。谢谢！

（田　雪　杨振宁　整理　张　哲　审校）

7

我爱『大眼睛』的九个理由

报告人介绍

封东来

封东来，中国科学技术大学核科学技术学院执行院长、国家同步辐射实验室主任、微尺度物质科学国家研究中心教授、物理学院"严济慈"讲席教授，中国科学院院士，美国物理学会会士。他致力于应用同步辐射谱学和散射、扫描隧道显微镜和分子束外延等技术来构筑和理解高温超导、拓扑超导、界面与二维体系等复杂量子材料及其微结构与原型器件，共发表论文180余篇。曾获联合国教科文组织侯赛因青年科学家奖、海外华人物理学会亚洲成就奖、国家自然科学奖二等奖等。

报告摘要

同步辐射装置是集现代科技之大成的大型科学装置，是支撑多学科前沿研究和产业研发的平台。同步辐射在我国迎来了又一个高速发展的时期，将成为科学家和企业研发人员的常用工具。中国科学技术大学国家同步辐射实验室正在建设下一代的同步辐射装置——合肥先进光源，它又被称为观察微观世界的"大眼睛"。在这个报告里，我将与大家分享作为同步辐射的使用者与建设者的乐趣，举例展示同步辐射的强大功能。

主持人介绍

赵政国

实验粒子物理学家，中国科学院院士，中国科学技术大学近代物理系教授，博士生导师，长期从事粒子物理实验研究。

封东来：我爱"大眼睛"的九个理由

同步辐射装置被誉为科技的"灯塔"，是集现代科技之大成的大型科学装置，是支撑多学科前沿研究和产业研发的平台。

系列科普报告会上，国家同步辐射实验室主任封东来院士作《我爱"大眼睛"的九个理由》报告，分享作为同步辐射装置的使用者与建设者的乐趣，并举例展示同步辐射的强大能力。

同步辐射原理是带电粒子（电子、离子）以接近光速运动时，在电磁场的作用下偏转，沿运动的切线方向上发出的一种电磁辐射。封东来解释说："这是一种'开机才有、关机就无'的定向性射线，很容易做好辐射防护，并且软Ｘ射线穿透力很弱，在空气中传播距离极短，所以并不可怕。"

目前，中国科学技术大学国家同步辐射实验室正

导 读

在建设下一代同步辐射装置——合肥先进光源，它又被称为观察微观世界的"大眼睛"。

为什么爱"大眼睛"？封东来总结出九个理由。

封东来说："我们是在建造和使用集人类科技之大成的仪器。这是第一个理由。"合肥先进光源建成后，将成为国际先进、亚洲唯一的低能量区第四代同步辐射光源。因其具有亮度极高、相干性最好的特点，可实现复杂体系电子态、化学态、轻元素结构的精确测量。

《科学》杂志曾遴选出125个重大科学问题，其中部分问题涵盖化学与能源、生命科学、物理学等领域具有挑战性的前沿研究。封东来表示，其中很多问题都可以通过同步辐射研究。这是第二个理由——"做最前沿的研究"。

如神经退行性疾病是人类的大敌，其中阿尔茨海默病全球患者有5000万，我国有1000万，且呈爆发性增长。封东来说："过去20年，320种药物均尝试失败。合肥先进光源可以把细胞三维成像分辨率提高到几纳米，帮助我们看清病理，指导药物研发。"

第三个理由是"做有真用的研发"。例如，科研人员利用合肥光源发现了航空燃油燃烧的中间体，揭示了其燃烧反应路径及其动力学；利用合肥光源探测到了煤基合成气制烯烃的关键中间产物，打破了传统费托极限……

第四个理由是"不局限于某个方法或学科"。比如电动汽车的电池问题，科研人员可以采用不同手段进行研究。

第五个理由是"天然的世界实验室与国际合作网络"。封东来说："同步辐射装置对全世界科学家开放，科研人员可以根据自己的研究问题去选择最合适的工具。"

封东来表示，爱"大眼睛"的理由还包括"稳定支持长期技术攻关""宽口径的技术门类""锻炼管理团队和项目的能力""大科学工程带来的激情与成就感"。

尊敬的包校长，各位同学，各位观众，大家好！很高兴有机会给大家介绍"大眼睛"，今天的演讲题目是"我爱'大眼睛'的九个理由"。

这次讲座的动机是想带领青少年朋友们认识一下在大科学装置领域研究的一群人和他们的职业。他们是怎样的一群人？如果你将来进入这个领域学习，你会获得什么？如果你将来在这个领域工作，你又会得到什么样的乐趣？这是我想更多地传递给大家的东西，不只是做一下科普，或是说一些具体的、科学的内容。

这就是我们的"大眼睛"，叫作"合肥先进光源"（图1），它是一个同步辐射光源。通常，我们把这类装置统称为大科学装置，中国大概有50多个，合肥有好几个。

◎ 图1 "大眼睛"效果图

什么是大科学装置？

大科学装置，有时也叫作大科学工程，最早的大科学工程应该是曼哈顿计划。美国计划研制原子弹，把各个领域的专家组织在一起，实施了曼哈顿计划，最终把原子弹造出来。

大家可以看到我们画的"大眼睛"效果图。位于董铺岛和新桥机场之间，正好在航班的航线上。如果大家在夜间坐飞机路过，在舷窗外会看到一个特别漂亮的"大眼睛"。

这就是我们的位置，位于大科庄，我们的创新之城——合肥雄心壮志要建设好的一个庄子（图2）。这是个风景优美的地方，这一大片区域包括了合肥先进光源，也包括了聚变堆主机。聚变堆是做聚变研究的一个大科学装置，这里将来还会有很多其他大装置。

◎ 图2　创新之城，合肥的雄心——大科庄

首先，我给大家简单地介绍一下什么是大科学装置，什么是同步辐射。大科学装置可以说是顶天立地的，它一方面探索科学的前沿，一方面面向国家的重大需求，是国家实力的体现，是用金钱买不到的，要想把它建造出来，必须集合多个学科的技术。举例来说，托卡马克"人造小太阳"、强磁场装置、大亚湾中微子装置，以及待会我会进行详细介绍的合肥先进光源，还有大家可能都比较熟悉的、大科学装置里的明星——天眼。产生大量的中子来进行各种物质科学研究的散裂中子源、上海光源，甚至一些大型的科学考察船，都属于大科学装置（图3）。

◎ 图3　顶天立地的大科学装置

注：它们是面向重大需求的国之重器，是国家实力的体现，是物理、
化学、材料、电子、机械、工程等多学科前沿科技交叉的产物

中国的大科学装置有50多个，在世界范围内，中国和美国拥有的大科学装置的数量是较多的，这些装置面向国家需求的方方面面。

首先来看FAST天眼（图4），它是用于"顶天"的装置，探索银河系中心的黑洞，或更遥远的宇宙。它是在群山环抱的喀斯特地貌里的一个500米大口径的"一口锅"，当然是非常复杂的"一口锅"。所有的反射面板可以随意聚焦到馈源舱的任何位置，最近在射电暴等领域不断地产生了新的结果。大家可能已经在新闻报道上了解到，南仁东先生曾任FAST首席科学家，他和天眼的故事非常感人。还有我们科大的校友、现场总指挥郑晓年先生，他在贵州山区干了6年。

大科学装置的特点除了其目标很伟大，它本身通常也很大。把天眼想象成一口大锅，如果全球人民都去贵州旅游，每天用天眼这口大锅炒饭，半锅饭就够全球所有人吃一顿。而且天眼的建设时间也特别长，从规划到最终建成花了20多年，几乎需要一个人把职业生涯的一大半时间投入进去，要有一定的毅力或信念才能完成。

另外一个是"立地"，立地就是要解决人类能源问题，从万元熙院士到李建刚院士，再到很多年轻人，他们就在科学岛这边，去年创造了"人造太阳"1.2

亿摄氏度燃烧101秒的世界纪录（图5）。能源问题是很多事情发展的瓶颈，如果解决了，我想离世界和平也不远了。

500米口径球面射电望远镜：通过"锅"的反射聚焦，把几平方米到几万平方米的信号聚到一点

喀斯特地形山谷洼地

反射面面积约为25万平方米

6座馈源塔，6条柔性钢索

馈源舱

2225根
下拉索、促动器

4450片
三角形反射面板

6670根
主索

◎ 图4　FAST天眼

1.2亿摄氏度"燃烧"**101秒！**
中国"人造太阳"创造新世界纪录

◎ 图5　超导托卡马克悬浮在零下269摄氏度"甜甜圈"中的人造太阳

什么是同步辐射？

同步辐射装置是介于"顶天"和"立地"两者之间的，它是一个大型的综合平台，要有各个学科在其中做研究。因为它既可以做"顶天"的工作，比如研究量子材料的机理、量子计算，也可以有很"立地"的工作，所以被誉为"科技的灯塔"（图6），几乎在所有著名的大型科学中心，或文化比较发达的地

方，都有同步辐射装置。美国有很多台，欧洲稍微发达一些的国家都有自己的同步辐射装置，日本也有许多。在我们国家有4个科学中心，其中3处——北京、合肥和上海都有自己的同步辐射装置。

◎ 图6　同步辐射被誉为"科技的灯塔"

同步辐射本质上就是光，是电磁波，主要是分布于大家关心的X光波段。1895年，伦琴刚刚发现X光的时候，大家感到非常神奇。"X"这个字母通常用来表示一种神秘的事物，这种光是当时的人们见所未见的，所以称之为"X光"（图7）。以前看不到的东西通过X光就能看到了，比如伦琴夫人的手部成像，通过X光能清晰地看到其内部骨骼，还有那枚著名的钻戒。通过衍射的技术，人类第一次知道原来我们的DNA是双螺旋结构。通过谱学的方法，我们可以分析某一个材料里面有什么样的成分，比如从月球上带回来的样品，要知道这里面都有什么成分，可以用X射线散射或谱学方法。

传统的X光机的光强是很弱的，用亮度来表示大概是10^9，太阳光亮度大约为10^{14}。人们通过100年的发展，不断地进步，这就有了第一、第二、第三代的同步辐射光源；相比于第一代，第三代的光源把亮度提高了10个量级，所以现在我们可以做比原来更加精细的工作了（图8）。

比如，上海光源对鼠脑里面的微血管进行了三维成像，用同步辐射衍射技术测定了新冠病毒的结构。只有了解了病毒的结构，才能设计靶向的小分子药物等去阻断其复制。再比如，利用合肥光源，可以研究超导或者拓扑物质里电子的行为。所以，随着科技的发展，如果每一代装置性能有一个量级的进步的话，就会带来很多新的发现。近些年，又出现了新一代装置，也就是"大眼睛"的第四代同步辐射装置（图9），它极大提升了我们探测复杂体系的能力。

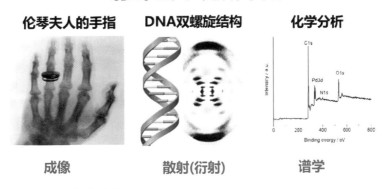

◎ 图7　X射线的作用

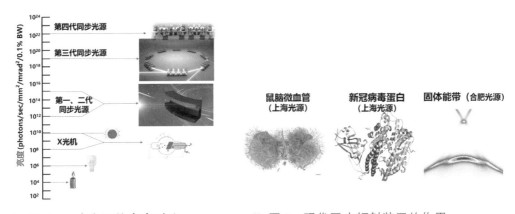

◎ 图8　同步光源的亮度对比　　　◎ 图9　现代同步辐射装置的作用

　　同步辐射的原理是什么？人们最早的时候研究电子加速器、造对撞机，希望提高电子的速度，进行高能物理研究。但是，当电子速度越来越高时，其能量会产生大量的损耗。特别是每当电子通过偏转磁场的时候，由于洛伦兹力，电子会拐弯。接近光速运行的电子一旦有了加速度，就会沿着其前进轨迹的切线方向产生大量的辐射。这是高能物理研究中很不愿意看到的，因为能量白白地浪费了，所以有些加速器是直线的，像斯坦福线性加速器，就笔直地往前走，

因为一拐弯就会产生辐射，即同步辐射（图10）。这个名字有点奇怪，因为这种辐射最早是在同步加速器上被观察到的。我们可以想象一下，当转动一把伞的时候，伞上面的雨滴会被甩出来，这可以类比于电子转弯时发出辐射的现象。

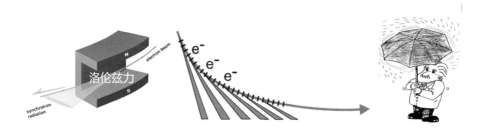

◎ 图10　同步辐射——电子在磁场中偏转发出的光
　　注：同步辐射是带电粒子（电子、离子）以接近光速运动时，在电磁场的作用下偏转，沿运动的切线方向上发出的一种电磁辐射。

有一位科学家，他在开车去旧金山的时候，看到旧金山崎岖拐弯的马路，突然灵光一现：为什么不能把磁场也摆成这样？一边是南极，一边是北极，黄色是代表电子在其中剧烈的拐弯，经过多次拐弯，电子会相干相加，沿着切线方向会出来一个强很多个量级的光，所以我们叫它插入件，这就是第二、第三代，主要是第三代光源的一个核心的进步（图11）。

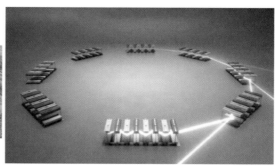

◎ 图11　崎岖的马路与拐弯的磁场

如果我们做一个电子在里面转圈的加速器，叫储存环（图12），彩色的部分就是我刚才说的插入件，红色的就是弯转磁铁，那么沿着电子运行轨迹的切线方向就可以建造一条一条的光束线站，从而把光引出来做研究。

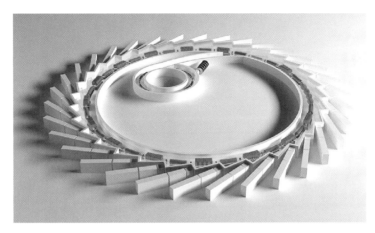

○ 图12　储存环

　　放大来看的话，图12中末端的方块就代表一个个做散射、衍射和谱学的实验站。

　　图13是上海很漂亮的鹦鹉螺，上海光源；图14是合肥光源，位于中国科大西区，我们还要造"大眼睛"，也就是合肥先进光源，它是下一代同步光源；图15是北京正负电子对撞机，进行高能物理研究的同时，也利用甩出来的光做一些同步辐射实验。图16是正在北京怀柔建设的北京高能光源，是高能区的一个第四代光源，它被设计成了一个显微镜的形象。

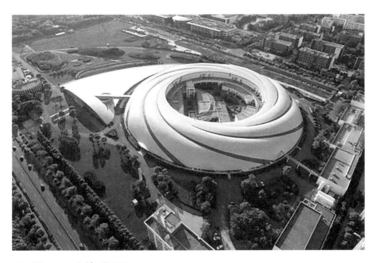

○ 图13　上海光源

◎ 图14　合肥光源（在建）

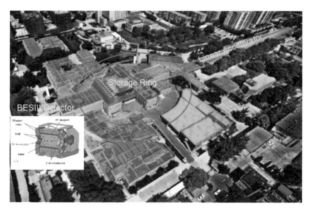

◎ 图15　北京同步辐射装置——正负电子对撞机

◎ 图16　北京怀柔高能光源（在建）

国外也有很多同步辐射装置，这些装置有一个优点，就是总是位于风景优美的地方。所以，大家要是成为同步辐射的用户的话，会有很多机会到这些地方去玩。比如MAX Ⅳ（图17），这是瑞典的第一个四代光源，装置四周有很多奇怪的小土丘。因为要建一个四代光源，需要把整个地脉动减到一个几十个纳米的量级，这个条件很苛刻，于是MAX Ⅳ就设计了这种有点类似我们防波堤一样的土丘，使得外围马路上面的这些震动能被隔离掉。

◎ 图17　瑞典 MAX Ⅳ

大家一说到辐射往往就觉得很可怕吧？比如核辐射。事实上，同步辐射并不可怕。做一个不太恰当的比喻，同步辐射和手机的电磁辐射是一样的，是一个开机才有、关机就没有的辐射。而且，如果是软X射线，特别是波长很长的话，在空气里基本无法传播（图18）。我们的光很多都是在真空里面传播，在空气里基本无法传播，更别说穿透你的皮肤了。还有一些硬X射线，一般都有非常完善的屏蔽设施，有大量的这种核辐射探头，一旦有任何危险的话，机器会在大概一毫秒的时间就把它关掉。

早些时候，在同步辐射装置内工作时，每个人都会随身携带一个辐射计量计，每年测一次。现在很多地方已经完全取消了，因为没有意义，测了很多年，每年都是0。辐射的高危职业其实不是同步辐射，除了医生之外，飞行员们每天

接受宇宙射线的辐射，剂量远远大于我们做同步辐射实验的剂量。所以大家不用害怕，知道了这些之后，就无需存在任何恐惧。当然核辐射是另外一个话题，因为核辐射它会一直在，特别是一些衰变周期比较长的，不过我们都有很规范的核辐射防护措施。

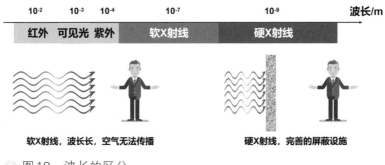

◎ 图18　波长的区分

全世界大大小小的50多个光源，一般有不同的能量区段分布（图19）。例如真空，我们说6电子伏或者说几十纳米波段，一直到伽马射线，同步辐射光源都有很广阔的覆盖。有些光源，比如我们合肥光源就在低能量区；北京高能光源就在高能量区。在不同的能量区，大家研究的科学问题不太一样，不同的工具针对的研究方向也不一样。假设你研究航空机发动机的燃烧过程，关注航空煤油是如何充分燃烧的，那就需要用到低能量区的光源，例如我们的合肥光源；如果你要研究航空叶片内部的缺陷，你就把它拿到高能光源上，它穿透得非常深。所以，不同能区的光源是一种互补的关系。

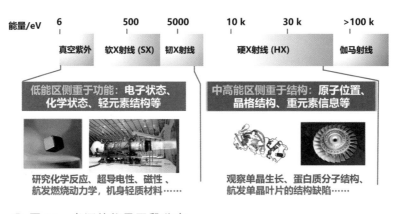

◎ 图19　光源的能量区段分布

下面给大家介绍我爱"大眼睛"的九个理由。为什么作为同步辐射的建设者和使用者特别喜欢这件事儿？我有九个方面的理由。

第一个理由：建造和使用集人类科技之大成的仪器

第一个理由，它是建造和使用集人类科技之大成的仪器，可以说反映了现代科技最前沿技术，包括对地基振动的控制都达到了数十纳米量级，这是完全超出了我们普通设备制造的需求。

建国之重器，探宇宙之谜。这是我们"大眼睛"中间瞳孔的形状，一个480米的电子加速器，然后引出来很多的实验线站，大家在这做实验。

未来，我们这个大型研究平台至少会有35条线站，每条线站每天都有很多的科学家在这里工作。预期新光源上的用户数会突破每年1万人次，现在运行的合肥光源的用户数每年是1000多人次。未来，我们可以研究非常复杂的体系，直接跟产业的实际样品相关。我们有理由预期，未来的同步辐射不再只是一个学界的东西，而会有大量产业界的研发在这个机器上进行。这是我们的建造目标之一，我们当然要建一个最好的（图20）。

周长480米、2.2 GeV电子同步加速器

国际先进、亚洲唯一
低能量区第四代同步辐射光源

亮度极高，相干性最好，
实现复杂体系电子态/化学态/
轻元素结构的精确测量

约可容纳35条线站
10000用户人次/年，预计1/3产业研发

◎ 图20 "大眼睛"简介

第四代装置跟第三代的区别很大（图21）。简单来说，第三代装置的磁铁组相对简单，以前比较粗放，磁铁有的是聚焦的，有的是弯转的，产生的电子束团很大，甩出来的光斑当然也大，而且和日光灯的光一样，相干性很弱，是没有一致相位的。第四代的磁体组就做得极其复杂，最后出来的电子束团很小，所以我们叫作衍射极限光源。

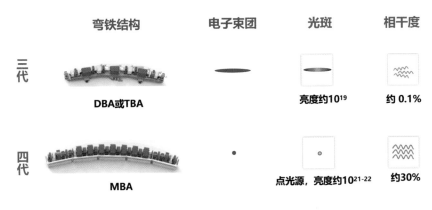

弯铁结构　　　　电子束团　　　光斑　　　　相干度

三代　　DBA或TBA　　　　　　　　亮度约10^19　　约0.1%

四代　　MBA

点光源，亮度约10^{21-22}　　约30%

极低电子束发射度<λ/4π，达到衍射极限　　均比三代光源高100~1000倍！

◎ 图21　第三代与第四代同步辐射装置性能的区别

　　这样四代光源的亮度比三代光源亮了三个量级；它的相干度也大为增加。这是一个更重要的参数，相干光亮度也亮了大概三四百倍。什么意思呢？就相当于你过去玩的都是日光灯的光，以后你玩的是激光笔的光，它的区别就是激光跟普通光的区别。普通的光比如拍个照片，它就是个平面的照片，你用有相位的激光拍出来的话，就是个全息照相。所以等于是将X光变成了相干的，这是一个革命性的变化。利用它能做很多的事情，比如可以把X光很轻松地聚焦到纳米量级。我们过去说的那些散射、谱学和成像技术，光斑都比较大，适合研究均匀的大样品，现在光斑小了，就可以研究小样品或非物质样品的细微区域了。所以，在四代光源上，这些技术前面都要加上Nano。而且，在四代光源上，实验会做得更快、更加高效，各方面的分辨率也会更高。因为它适合研究复杂体系，所以我们可以模拟真实的状态去研究产业界关心的问题。

　　还有一点特别重要，跟光源的相干性相关（图22）。如果把一个相位随机的光，比如日光灯的光，打到一个无序的样品上，出来的就是一个环，这个环只不过代表小球的平均尺寸，是没有任何信息的。但是，如果你把一个相干光打过去，在探测器上，就得到了非常复杂的斑点。刚开始，你可能还会误认为这是噪声，但事实上这些斑点富含信息，通过计算机重构，就可以得到与无序样品内部结构一模一样的信息。你甚至可以把图像的分辨率做到3纳米，而且里面的化学态、电子态等信息也可以得到。

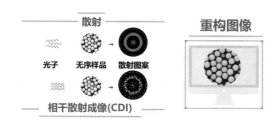

◎ 图22　光源的相干性

　　未来，我们可以做更高分辨率的实验，实验效率也将极大提高，原来持续一个月的实验将来只需要几个小时。在合肥新光源上，我们首批要建10条线站，都已经规划好了。利用这些实验技术，有的线站专门去解决量子材料合成和使用面临的问题，有的线站研究化学反应里面的催化剂，有的解决功能材料的研发问题，例如碳纤维等（图23）。

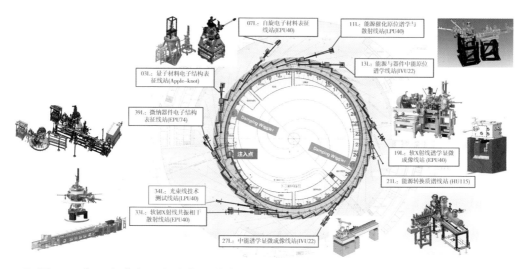

◎ 图23　合肥先进光源上的实验技术

　　我刚才说过，我们是在建造一个集人类科技之大成的装置，这个装置需要把所有的技术都推到极致。例如，要建这样的一个装置，需要不少光学镜子，装置上所用的X光反射镜的光滑度基本上到了几个原子的量级，也就是说，要把一个镜子的表面打磨到原子量级。再比如，这里面涉及很多先进的电子学，大型装置里面的信号的数量本身就多，又要同步海量的数据，怎样去处理它？

而且这些信号又在一个辐射的条件下，有可能被干扰，处理起来是非常难的。

第二个理由：做最前沿的研究

第二个理由，你可以用这个设备做最前沿的研究。《科学》杂志曾经遴选了125个科学问题，里面有几十个都跟同步辐射等装置相关。事实上有人做过统计，近年来的诺贝尔奖有48％是从大科学装置中产生的。能源化学领域，比如温室效应、光电电池的最终效率，如何用能源替代石油等这些跟我们直接相关的问题，都可以用同步辐射去研究。物理学中，如何实现室温磁性半导体、高温超导的机制等问题也可以用同步辐射来研究。

第四代光源在生命领域大有可为。细胞是个非常复杂的机器，我们终于有机会在3纳米的精度下看清活体状态的细胞，这是过去所有的技术都看不到的。我个人预期，未来四代光源的出现会给生命科学领域带来一个大步的跃迁。

举一个关于神经退行性疾病研究的例子。神经退行性疾病是人类的大敌，其中阿尔茨海默病患者全球有5千万，我国有1千万，且呈爆发性增长。过去20年，320种药物均尝试失败，其中一个原因就是它的病理不清楚。阿尔茨海默病可能由相关蛋白在细胞内外的异常输运、错误折叠和团聚等导致，其空间尺度在10纳米以内，目前技术分辨率不够，病理仍不明、药物研发效率极低。四代光源将把细胞三维成像分辨率提高到几纳米，有望看清病理。

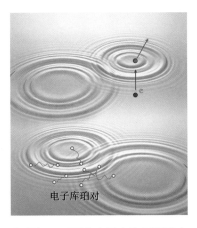

○ 图24　两个电子产生了吸引力

再举一个例子，也是我的研究方向——超导。高温超导冷却到液氮温度就会一直悬浮在磁场里，这就是所谓的磁悬浮，它的本质是两个电子形成了一个库珀对，即两个电子之间产生了吸引力（图24）。学物理学的同学都知道同性相斥，两个电子互相之间是排斥的，怎么样才能吸引在一起呢？假设把一个超导材料想象成一个平静的湖面，晶格由很多正离子和电子构成，当一个电子路过的时候，因为和晶格之间有吸引力，就像在水面投了一个小石子产生了涟漪，它就对这个晶格有个畸变，但是很快跑掉了。

第二个电子跑过来之后就发现第一个电子曾经带过的这些涟漪仍然存在，所以它们之间通过涟漪发生了一个等效的相互吸引作用。通过这种作用，它们就成了一对有关联的电子。一个电子是费米子，一对电子就有了波色子特性，就可以凝聚成一个超流态，形成超导。这里我简单介绍了有关超导的科普，以帮助我们理解下面的实验。

大家可能已经学过光电效应，爱因斯坦凭此获得诺贝尔奖。光打到样品上，把电子打出去，通过探测光电子的行为，就能分析电子在材料里面的行为。比如，图25是一个电子在动量空间的分布示意图，这来自于一个拓扑绝缘体，是近些年大家研究的一个热点，是用同步辐射的光电能谱的方法来测量。

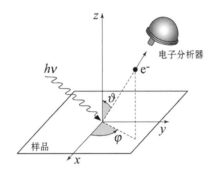

⚪ 图25　利用光电效应可以研究拓扑绝缘体的电子状态

我们做的一个工作就是铋氧化物高温超导（图26）。这类超导最早于1975年发现，到了1988年的时候，即它变成超导的温度，被提高到约30开尔文或者零下240摄氏度，它是仅次于铜氧化物高温超导之外的超导温度最高的氧化物超导体。

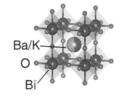

⚪ 图26　铋氧化物超导体是铜氧化物之外最高 T_c 的氧化物超导体

通过光电子能谱测量，我们证明了这里面存在巨大的电子与晶格的相互作用，使得两个电子间的吸引力特别大，因此就会产生很高的超导转变温度，这个研究解决了一个多年都悬而未决的科学问题。

第三个理由：做有真用的研发

第三个理由，可以做有真用的研发。我们的好多研究在发完论文、写完专利就结束了。不是说这样没有意义，但是这种不见得有真用。同步辐射是科学和技术完美结合的地方，在这里你可以做很多有真用的研发。通过在同步辐射上学习，将来你不但可以做科学家，而且可以去做企业家，还可以从事研发的工作。

举个例子，先进航空发动机技术是我国的核心战略需求，发动机点火、燃烧等微观过程亟待厘清。齐飞教授利用合肥光源发现了系列重要燃烧中间体，揭示了燃烧反应路径及其动力学，获得了2018年国家自然科学奖二等奖。

大家可能有过这样的经历，在家里点燃气灶，有的时候它会突然熄火，但大飞机航空煤油燃烧的过程中是万万不能熄火的。利用合肥光源，调节航空煤油的配方，我们可以保证其不会熄火。

中国的煤有很多，但天然气、石油相对贫乏，直接燃烧煤其实是最大的浪费，又会产生污染。煤制烯烃/汽/柴油/苯系物，是未来我国煤炭清洁利用的主要途径。包信和校长等利用合肥光源探测到煤基合成气制烯烃的关键中间产物，打破了传统费托极限，利用合肥光源研究其燃烧过程，发明了新的催化剂，甚至在工业上已经开始应用，把煤变成其他化工的原料，获得了2020年国家自然科学奖一等奖。

再比如，我的同事李良彬教授研究的轻质材料，如飞机的机身碳纤维。大家去补牙的时候，医生会问，你是要用昂贵的进口材料，还是用便宜的国产材料？其实都是树脂材料，你可能想一想后还是选择了进口材料。那么中国的科学家就很不服，这些不都是碳氢氧材料吗？

李良彬教授就专门解决了膜材料制造难题。他在同步辐射实验站上拉膜，一边把高分子材料拉成膜，一边就探测它的小角散射信号。如果一旦出现颜色斑点，或出现晶化等现象，说明这个膜不好。这就是他用同步辐射研究膜材料的过程。最近他的团队已经研究出很多的替代产品，比如，这一片就是个偏光膜（图27），50%的光一个偏振可以通过，你看这一个是左边的，一个是右边的，把它叠在一起之后，中间就是光透不过变成黑色的。这个材料已经产业化了，现在有很多公司在跟他进行合作。

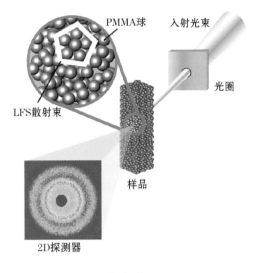

PMMA球　入射光束

光圈

LFS散射束

样品

2D探测器

◎ 图27　PVA偏光膜

建设京沪高铁时，国家急需新一代高强高导铜铬锆合金接触线。通过上海光源原位可视化同步辐射技术，实现了凝固过程的电磁调控，让我们在非真空下高质、高效制备铜铬锆合金圆坯。经后续加工，可制成高铁接触线。据报道，其成品性能为国内外最高水平。

百济神州利用上海光源研发了两款癌症方面的药物——泽布替尼和百泽安获批上市，销售额已超过25亿元。这两款抗癌新药的复合物晶体结构的数据均来自上海光源。

国外同步辐射在产业上的应用、与公司的结合开展得更早。日本是其中一个典型代表，日本的同步辐射用户群体非常大。比如，通过同步辐射研究，日本生产的轮胎摩擦力更小、更省油，东芝公司干脆把它的一个研发部门就建在Spring-8同步辐射附近。

在未来，我们的"大眼睛"能在方方面面为国家做一些事情。比如，在能源安全方面，研究煤炭清洁高效利用（燃烧、裂解、煤气）、页岩油和剩余油开采、新能源技术（锂电、光伏）等；在产业链安全方面，研究航空发动机、航空用复合材料、航空轮胎、航空航天燃料组分优化、特种化工品；在粮食安全

方面，研究土壤肥效、污染分析、微量元素分布、食品安全等；在海水提铀；在信息通信方面，研究量子材料与新一代器件、5G光学膜、光学玻璃、芯片无损探测；在新材料领域，研究航空航天轻质材料、高端聚烯烃、精细化工品、光学胶等电子化学品；在生命健康领域，研究神经退行性疾病药物、生物技术、中药提取等；在资源环境方面，研究清洁化工、稀土高效利用、新能源、环境保护、污染治理等。

第四个理由：不局限于某个方法或学科

第四个理由是，在同步辐射这样的大平台，有多个学科的人在一起工作，有多样的技术。而且，同步辐射还有一个优点，就是它是对全世界科学家开放的。例如，我现在想用国外某个地方的某个同步辐射的某条实验线站，只需写一个申请书，若该实验室主任认为这是个好的想法，他就会让你去用。所以，你不必局限在自己实验室，而是根据你的科学问题，选择最合适的工具去研究它。

再举一个例子，刚才说过晶格的振动，属于一种激发状态，但是晶格里面还有很多其他的元激发。你可以把一个固体材料想象成一个真空层，这里面有各种各样的元激发。如果你研究磁性的激发，用光电子能谱是不行的，那么我们就使用一个叫非弹性X光散射，做法就是一个X光打进去，它无中生有地就产生了一个激发，随后它自己又被散射走了，损失了一部分的能量和动量给了元激发。

我们当时做的一个工作是研究有机发光材料，现在大家的手机屏幕基本上都是有机发光材料做的。发光的过程其实就是通过一个电的方法把电子从下面能级放到上面去，然后它掉下来就发出了光。但是，中间有一个电子和空穴的状态，它们是束缚在一起的。因为一个带正电，一个带负电，所以我们称这个状态为激子。那么我们就通过上面提到的方法研究激子在不同角度的分布及其发布出来的信号，从而反推出去，获得电子和空穴在分子上面的一个分布。这种特殊的有机分子叫Py-So。人们希望研制一种夏天是冷色、冬天是暖色的涂料，这样家里墙上的涂料就可以更智能了。

前文介绍了，同步辐射光是很亮的光，比太阳光强太多了，而且人眼是看不见的。极强的光打到空气里面把空气电离了，打到有机材料上就是一打一个洞。X光打到有机样品上，通过铍窗射出来，你看到的其实是被它电离形成的等离子体之后发出来的等离子体的光。像糖单晶体这种材料（图29），它的底座温度是零下260摄氏度，底座温度那么低，但是被打到的地方就已经超过糖的熔点了，就没有办法去做实验。

◎ 图28　极强的同步辐射光造成辐射

于是我们就去请教隔壁实验室的老师，他们经常处理一些有机材料。他们告诉我，你必须画一个示意图，必须用氦气这种很冷的气体对准一点去吹，用这种方法把温度降下来后，才能去做实验。所以，在同步辐射做研究的一个好处就是，你的眼界是很开阔的，你有任何问题，都可以向不同的人请教。

比如我们研究电池，现在大家经常使用电动车，夏天打开空调，它就跑不动，续航不行；冬天气温低，电极材料和电解液效能下降，续航也还是不行（图29）。怎么去理解这里面的过程并改进呢？可以用不同的实验技术去研究。例如，很多工作是用同步辐射研究锂电池里枝晶的生长，一旦锂电池里的枝晶成了晶体之后，它会戳穿这个壁，晶体是原子尺度的刀。

有一次，我去死海，死海边上全是结晶出来的盐颗粒。我们是光着脚去的，每个人的脚都被割破了。所以，这个晶体是很厉害的"刀"。

另外，电池的正极里面有氧在循环，有的时候这个循环不好的话，突然电量就不行了。还有的时候，氧出来之后，又有锂又有氧，就会爆炸，引起火灾。所以锂电池有很多的细节过程，我们需要分别用不同的手段研究它。同样是研

究锂电池，你可以选择不同的手段。所以，这是我刚才讲的第四个理由，你可以根据科学问题选择所需工具。

24摄氏度 ⟶ 行驶168千米

35摄氏度 ⟶ 行驶111千米

-3摄氏度 ⟶ 行驶69千米

◎ 图29　电动车续航性能与温度相关

第五个理由：天然的世界实验室与国际合作网络

第五个理由，也是一个显而易见的理由，它是一个天然的世界实验室与国际合作网络。

我们实验室的博士生，在读书期间大概有10个月的时间是在国外各个地方做实验。有什么好处呢？一是"借鸡下蛋"，就是用别人的设备做实验，而不用自己去操心设备问题，甚至所有的原材料都免费给你使用。二是开阔眼界，你到任何一个新的地方（实验室）去，这里面有几十条线站。因为你可以跟各个国家的用户在一起交流，了解多种技术和实验设备所以你能接触到很多的技术，而且接触到很多真正的高手，可以说是藏龙卧虎。三是对于学生来说，可以认识潜在导师，接触更多合作伙伴，广交朋友。最后一点，我觉得非常重要，你需要一个多角度的视野去看待这个世界，看待你身边的事情。在全世界各地做实验，是一个了解当地人文的好方法。

第六个理由：稳定支持长期技术攻关

很多人就喜欢做技术。我以前有一个学生，你让他看科研的论文，他一点兴趣都没有，你让他看专利，他每天能研究很多专利。他就是喜欢搞技术，但是他不喜欢写东西。这一类人如果在一个大科学装置里面工作的话，会有很稳定的支持。那里会让你把技术推向极致，进行稳定、长期的攻关。

比如说光栅，对于可见光的光栅没有太大的难度，因为它的波长很长；对于X光这种高精度的光栅，其实有很大的挑战。我们实验室洪义麟教授的团队，研究了30多年，打通了光栅应用的全套流程，做出了满足高技术需求的成品X光光栅。这个工作的难度在哪里呢？相当于要在一毫米的长度刻上2000根的线，而且线与线之间的锯齿要非常地光滑，这做起来比较困难。

他们最近生产出了1米长的光栅（图30）。全世界只有三个国家能做这件事。如果在一个小团队里面做这件事，其实是挺困难的，你要自己去申请经费，又要去写论文等。在大团队里面，就非常方便。同步辐射涉及的技术领域是非常宽广的，光栅只是上百个领域里面的一个。

- **光通信半导体激光器**：模式选择和调谐
- **光谱分析仪器**：我国市场150亿~200亿，光栅：数亿元/年
- **光谱合束**：用于激光对抗和激光加工，光栅：数十亿元/年
- **高精度计量光栅**：光刻机和数控机床
- **光栅光波导增强现实（AR）**：微软Hololens、Magic Leap One等AR眼镜采用光栅光波导方案

光栅对于先进制造、信息产业、国防、科研等尤为重要，我国处于严重被"卡"的状态

图30 光栅的重要应用

第七个理由：宽口径的技术门类

与各类身怀绝技的跨界高手一起工作，有问题都不用上网搜索了，吱一声

就有人告诉你（图31）。比如一个光源的核心团队，有专门做磁铁的磁测，需要磁场在空间中测得非常精细。有人做准直的，在100米的一个长度上能对准到10微米。两个设备都是很大的设备，我们需要各个方面的人才，要有人专门研究解决地基的震动。所以，我们培养出来的学生，不管是研究生，还是工作人员，他的脑子里面不是只有一个学科，而是有各个学科在里面。因此可以说，我们的学生有打通整个产业链的能力，其中创业的人也挺多。

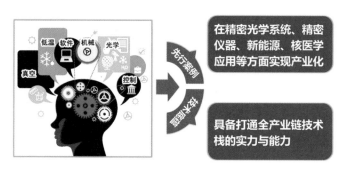

◎ 图31　培养解决复杂问题的"全能选手"

第八个理由：锻炼管理团队和项目的能力

我们做光电子能谱的实验，能量分析器其实只能是买进口的。这是一个关键设备，若你自己要去研发，怎么办？我们首先就得分解，做工程的首要方法就是分解。做这个设备，我需要哪些人和设备？我要超高真空的、机械的、电子光学（所谓电子光学就是怎么样操纵电子）的人，需要有做电子学的人；需要有做探测器的人；它对精度的非常高，要非常高精度的电源，这其实不是一件简单的事情；还要写软件的人。所以，图32列出的7个方面的人，我都能找得到的话，在我们单位都有，就能把这个设备做出来。

所以如果人家不卖给我们，那也没多大事，在这里有一个优势，就是多种技术的工作人员一起工作。

还有就是能锻炼你的团队管理能力，锻炼你的项目管理能力。因为大科学装置是极其复杂的一个工程，它里面有上千万个零部件，你怎么样把它管理好，用给定的预算、在给定的时间内，达到规定的质量。这就是第八个理由：锻炼管理团队和项目的能力。

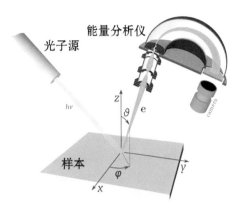

光子源　能量分析仪　● **超高真空**
● **机械**
● **电子光学**
● 核电子
● 探测器
● **高精度电源**
● **软件**

◎ 图32　光电子能谱实验

第九个理由：大科学工程带来的激情与成就感

马斯洛需求层次理论认为，人在吃饱穿暖之后，还有更高层次的需求。做大科学工程的人，都跟打了鸡血似的。你看我们大科学工程里面，不乏有一些闪亮的明星，如何多慧先生、南仁东先生。从1994年到2005年，南仁东先生将一个科学家最好的11年都献给了祖国的深山老林。作为首席科学家，大到上千斤重的钢材，小到一颗螺丝钉，他都亲力亲为。

20世纪80年代建设合肥光源的时候，技术落后，经济上也落后。当时，中国自己建造的最大加速器只是3米长的30 MeV电子直线加速器，根本没有储存环，我们只能边干边摸索。为了解决一个技术难题，当时还是研究生的周银贵三天三夜不睡觉；高频系统负责人冯兰林到贵州深山沟里驻厂制造零部件，去时穿棉袄，回来已经穿汗背心了。

2020年7月份我们在申请项目的时候，大家一起喊着"合肥先进光源，我们有信心"（图33）。身在这个集体里面，感受到的那种激情，跟我带着几个研究生去研究超导时感受到的那种有意思是不一样的。

我要专门谈一个人，裴元吉先生，他已经80多岁了，却还像60岁的样子。我就想活成他这种状态。他是真正的做小事、做实事、做身边事的人。真空需

要人，他就去做真空；电子注入需要讨论，他就去研究注入。这是非常不容易的，他就是因为热爱，所以每天准时上班。对他来说，别的一切都不重要，就是乐在其中。他是一个充满了乐观、充满了激情的人。

◎ 图33　"合肥先进光源"团队大合影

最后，我总结一下九个理由，我们是建造最牛的设备，做最前沿的研究，做有真用的研发；我们这些人脑子是很开阔的，我们不局限于某个方法或者学科，我们也不只是在一个地方，我们在全世界各个地方去合作；我们有长期的技术攻关，我们有大量的各个门类的技术，很宽的口径；我们有完整的管理一个大项目的实践经验；大家做这个事情都充满了激情，不一定只有站在聚光灯下面的人才是英雄，团队中的几百号人都是真正的英雄。

中国科大的核学院就是面向国之重器的一个复合型人才的摇篮，是国内外高校中唯一拥有多个国家级大科学装置的学院。我们依托在科大校园内的同步辐射实验室——1983年成立的我国第一个国家级实验室。我们的学院有三个系：第一个是加速器科学与工程物理系，这个系跟国家同步辐射实验室是二位一体的；第二个是等离子体物理与聚变工程系；第三个是核科学与工程系，主要研究核医学和新型核电站的研发等。此外，我们还有一个核科学与技术科教融合学院。

我们的定位是建成有鲜明大科学工程特色的工程物理和核科学技术学科群，成为享誉世界的本领域科研和人才培养高地，建成先进光源等重大科技基础设施，实现0到1的突破，服务国家需求，助力产业研发。

最后展示一下我们未来的园区（图34），这是我们"大眼睛"白天的样子。谢谢！

◎ 图34 未来的"大眼睛"园区

（杨昕琦 整理 储旺盛 审校）

8

托起明天的太阳

磁约束聚变的发展现状及未来展望

报告人介绍

李建刚

　　中国工程院院士，理学博士，中国科学院等离子体物理研究所研究员，中国科学技术大学核科学技术学院院长，合肥国家科学中心能源研究院院长，中国磁约束聚变专家委员会召集人，物理学会副理事长。曾任中国科学院等离子体物理研究所所长、中国科学技术大学副校长、中国科学院合肥物质科学院副院长。获国家科技进步奖一等奖两项，以及何梁何利奖、全国杰出专业技术人才奖、创新争先奖、华人杰出成就奖等。

报告摘要

　　从能源需求、聚变托卡马克的原理和意义、聚变电站的挑战谈起，介绍国内外磁约束聚变的现状。重点介绍我国设计建造的国际第一台全超导托卡马克东方超环（EAST）、我国参加国际热核聚变堆（ITER）计划，通过国际合作实现弯道超越，以及未来我们要独立自主地建设中国聚变工程堆发展计划和对未来清洁能源发展的展望。

报 告 人 简 介

李建刚
中国工程院院士
中国科学技术大学核科学技术学院
院长

李建刚，中国工程院院士，理学博士，中科院等离子体物理研究所研究员，中国科学技术大学核科学技术学院院长，合肥国家科学中心能源研究院院长，中国磁约束聚变专家委员会召集人，物理学会副理事长。曾任中科院等离子体物理研究所所长、中国科技大学副校长、中科院合肥物质科学院副院长。获国家科技进步一等奖两项，何梁何利奖、全国杰出专业技术人才奖、创新争先奖，华人杰出成就奖等。

主持人介绍

封东来

　　中国科学技术大学核科学技术学院执行院长、国家同步辐射实验室主任、微尺度物质科学国家研究中心教授、物理学院"严济慈"讲席教授、中国科学院院士、美国物理学会会士。他致力于应用同步辐射谱学和散射、扫描隧道显微镜和分子束外延等技术来构筑和理解高温超导、拓扑超导、界面与二维体系等复杂量子材料及其微结构与原型器件，共发表论文180余篇。获联合国教科文组织侯赛因青年科学家奖、海外华人物理学会亚洲成就奖、国家自然科学奖二等奖等。

李建刚："人造太阳"何时"亮"起来

当化石能源枯竭后，人类如何维持生存？李建刚认为，核聚变能是一种取之不尽、用之不竭的新能源。

系列科普报告会上，核科学技术学院院长李建刚院士作《托起明天的太阳——磁约束聚变的发展现状及未来展望》报告，从能源需求、聚变托卡马克的原理意义、聚变电站的挑战谈起，介绍了国内外磁约束聚变的现状。

李建刚重点介绍了我国设计建造的国际第一台全超导托卡马克东方超环、我国参加国际热核聚变堆计划、未来要独立自主建设中国聚变工程堆发展计划，以及对未来清洁能源发展的展望。

地球上的能源大部分来自太阳上的核聚变反应，能不能在地球上造出一个个太阳？答案是：能。

导　读

爱因斯坦提出的公式 $E=mc^2$ 就是把任何一个很小的质量，乘上光速的平方以后，可以得到巨大能量，这就是核能运用的原理。

"聚变和裂变是两种完全不同的核反应形式。把一个大的原子核裂开以后形成能源，裂变就是原子弹的原理，聚变就是氢弹的原理。"李建刚解释说，目前的核电站都是裂变电站，聚变发电还处于研发当中。

"人造太阳"就是运用氢弹的原理，用氢的同位素，一个氘，一个氚，把它们两个加热到上亿摄氏度以后，就会发生聚合，产生中子和氦。

但产生聚变相当困难。李建刚表示，首先要把它点火至上亿摄氏度，才能满足聚变发生的条件，其次要实现长时间维持可控聚变连续运行。

"采用的办法就是磁悬浮，把气体加热到上亿摄氏度，用磁场把它悬浮起来实现核聚变。这个方法叫托卡马克。"李建刚说。

核聚变研究了50年，取得了一系列进展，如开始建造国际热核聚变实验堆。李建刚认为："我国聚变能发展已经步入国际先进行列，有了清晰的发展路线图。"

"人造太阳"的终极目标是发电，何时可以真正实现核聚变发电？李建刚介绍说："通过未来10~20年聚变实验堆、工程示范堆和商业堆三个阶段的发展，我们可以逐步实现利用核聚能的梦想。"

李建刚表示："长期以来，'中国聚变人'都有一个梦想：未来如果有一盏灯能被聚变之能点亮，这盏灯一定要在中国。"

大家好，我特别感谢东来老师做了一个非常好的报告，应该说把我想讲的很多东西都基本上讲完了，比如说热爱科学、热爱大装置的九个理由，我想我要说的中心思想只有一个，那就是我热爱聚变。为什么这么说呢？因为俄乌冲突以后，大家越来越发现能源是多么重要，从图1中你们可以看到人类人口的发展与能源的消耗情况。

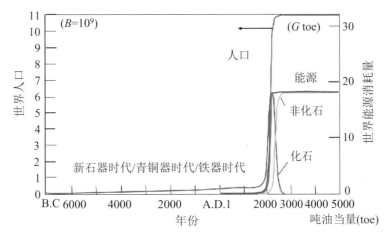

◎ 图1　人类人口的发展与能源的消耗情况

世界有6000年的文明史，在过去的将近6000年里，人口的增长速度曾经是非常慢的，对能源的消耗几乎没有。

一直到了两三百年前，我们发现随着人口急剧上升，现在人口数量达到70亿，从图1中可以看到能源的消耗处于什么位置。而今后预计人口数量还会再涨，涨到多少？我们预测可能是100亿～110亿，但是我们希望能源消耗别涨了，这就要求我们用先进的办法去降低能源消耗。

但不管怎么说，如图1所示，化石能源将在两三百年之内消耗殆尽。我们能源学部有各种各样研究能源的专家，像我是研究核能的，还有研究煤炭的、研究石油的、研究化工的，像包校长是研究可再生能源的。近两年我们又提出了"双碳"目标。这些都是希望我们活着的人能活得更美好，地球更干净。这就要求地球的碳排放要少，怎么才能做到？图2是清华战略能源研究院和中国工程院做的报告中的图，我借用它来说明这个问题。我们的目标是争取2060年前实现

"碳中和"，也就是说要达到相对的"零排放"。但目前我国的总碳排放量是100亿～110亿吨，我国是全世界碳排放量最高的国家。

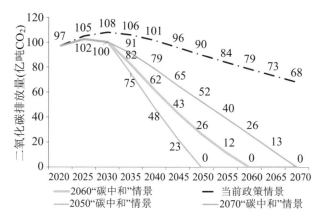

◎ 图2 四个情景下的二氧化碳排放轨迹

2060年我们需要什么？你看现在我国能源主要是依靠煤，图3是两年前的数据，要实现"碳中和"的目标，煤炭的消费要降至10％以下，这就要求我们不能单纯地把煤炭直接作为能源，而是要采用更高技术的化工的方法。

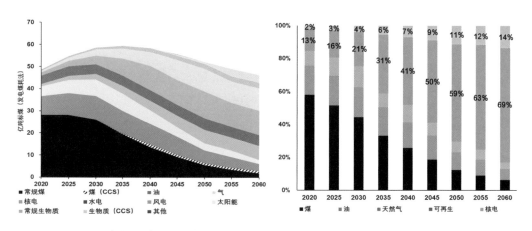

◎ 图3 2060碳中和情景：一次能源消费结构

为了做到这一点，我们着力实施可再生能源替代行动。怎样做到可再生能源替代？就是风能、太阳能等可再生能源要占到供给能源的70％以上，核能要占到14％。我们现在是多少？才百分之二点几，这是一个巨大的挑战。我看了这张图以后，在想可再生能源要占到供给能源的70％以上，要怎么去做？目前这是一个非常难的问题。

二氧化碳从哪来？我们现在的一个煤电站，一年要消耗掉100万吨的煤，产生将近400万吨的二氧化碳。好一点的是核裂变核电站，现在全世界核裂变核电站有400多座，中国有50座，一座核裂变核电站一年只消耗30吨的铀。从100万吨到30吨，是一个巨大的"减负"，能产生同样的能源，而且又没有二氧化碳排放，这多好。

如果是核聚变核电站，一个电站一年需要150公斤的重水和锂，重水很便宜，锂也很便宜，也没有二氧化碳排放，这就是节能减排的思路。

我们都知道能源是太阳带来的，即所谓万物生长靠太阳（图4），实际上我们人类自从有了科技，就一直在想能不能在地球上也制造一个"太阳"，它产生的光和热不仅能转换成能源，还能直接利用（图5）。

图4　万物生长靠太阳

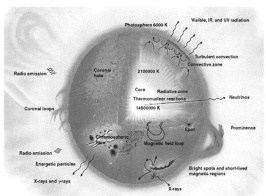

图5　地球上的能源大部分来自太阳的核聚变反应

我们地球上的能源原本非常丰富，那是在过去几十亿年中通过太阳的光合作用形成的。如果未来两三百年这些能源都消耗殆尽了，怎么办？我相信你们都知道伟大的爱因斯坦（图6），他有一个公式，$E=mc^2$（图7），这是我们物理学界的很多人包括我自己最喜欢的一个公式，简洁明了，而且很清晰。对于原子核来说，任何一个小的质量，比如说1克，就可以爆发出巨大的能量。

◎ 图6　爱因斯坦

◎ 图7　爱因斯坦的质能方程式

大家都知道光速为 $3 \times 10^8\,\mathrm{m/s}$，然后将其平方，3克的物质就能产生巨大的能量。3克的氚用来制造氢弹，就能产生巨大能量，这就是我们所说的核能。

核能大家也不陌生了，对不对？它的原理就是一个大的原子核，如果用中子一打，就变成两半，这时会产生巨大的能量，就是原子弹。但是现在的裂变电站全世界有400多座，我国有50座，从原子弹爆炸到科学家利用原理建成核电站，时间非常短暂，不到10年，甚至不到3年就已经投入使用了。

当然，核能也不是没有问题，一个问题是核反应需要的燃料从本质上来讲仍然还是化石，铀-235，尽管它的密度高，但也是有限的，我们把所有的核能的资源，比如说铀-238、铀-230用其他的方法都利用起来的话，最多供我们使用1000年。

另一个问题就是核燃料循环会产生长时间的放射性废物。大家都知道无论是切尔诺贝利还是福岛，一旦核事故发生，就具有非常长周期的放射性，可以持续百万年之久，这比原子弹更加危险。

再看氢弹，当把氢的同位素氘和氚加热到上亿摄氏度时，能发生聚合，两个小的原子加在一起就变成氢弹，这个东西发出的能量非常大，而且跟原子弹相比，还有两个好处：一是清洁，它的产物一个是中子，一个是氦，不会产生长时间的放射性废物；二是所需的核原料资源丰富（图8）。

这种利用能源的方法对人类来说是非常有希望的，核聚变不会产生放射性污染，而且可控。只有聚变的时候具有放射性，一旦停下来就立刻变成了中子和氦（图9）。

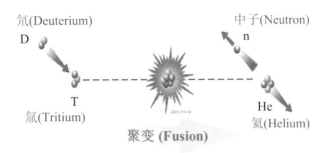

◎ 图8 核聚变的产生过程

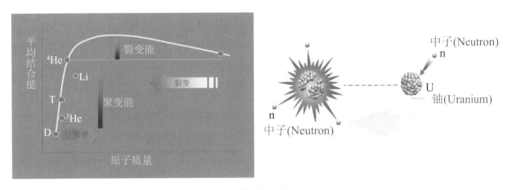

◎ 图9 聚变和裂变是两种完全不同的核反应形式

2011年，日本的"3·11"地震海啸造成了福岛核泄漏的事故。当核泄漏风险失控的时候，会释放出灾难性的辐射。随后，我国宣布停止审批核裂变核电站项目，我认为是非常英明的决定。

我国的核电站大部分都建在海边，我们的核聚变实验室就建在合肥市的饮用水库——西郊董铺水库西岸的科学岛边上。一个原因是核电需要较多的水源对机组进行冷却，所以核电站必须要建在离水源近的地方。另一个原因就是海水里面的氘非常多，多到什么程度？如果把1升海水里面的氘提取出来，可以产生相当于340升汽油的能量（图10）。

所以总结一下，核聚变发电的好处：一是资源无限，海水里面的资源可以供人类用100亿年以上，比太阳的寿命还长；二是没有放射性污染。

那么大家可能会问，这么好的东西，你们为什么还没把它搞出来？因为这件事情实在是太难了。

◎ 图10　1升海水可以产生相当于340升汽油的能量

启动氢弹里面的核聚变反应，首先需要一颗原子弹做"引信"，所以需要非常成熟的原子弹技术作为基础，因为氢弹的预点燃是需要原子弹去完成的。只有原子弹先爆炸，才能产生上亿摄氏度的高温。这就造成了我们面临的两大困难：一是制造条件使其能爆炸；二是要实现发电的目标，而不是氢弹爆炸就完事了。

我们想要核反应放多少能量出来，而且要让它慢慢地把能量放出来，这就是可控核聚变。你可以想象在地球上有什么样的东西能装一个上亿摄氏度的火球？我们能想象出来的任何东西在这样的高温下都化掉了。直到一个伟大的苏联人在20世纪50年代发明了一种叫作托卡马克的装置。

大家在中学都学过磁悬浮的概念，等离子体沿着磁力线做旋转运动。一旦悬浮起来，我们就可以对它进行加热。

你看一旦悬浮，这边的磁场就可以产生强磁场，比我们地球自然磁场的强度高1万倍（图11）。磁场越强，它的悬浮力就越大。然后再用各种方法继续加热，如果不能用点燃原子弹的方法，用什么方法？用微波炉的方法！

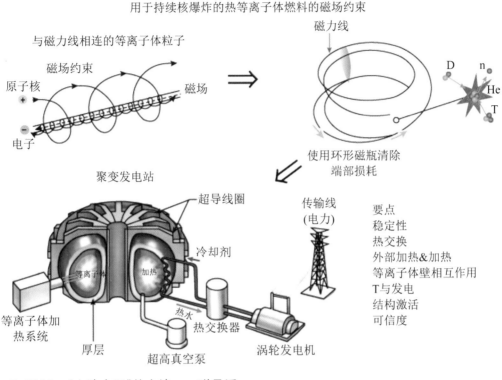

○ 图11 "人造太阳"的方法——磁悬浮

用微波炉的工作原理加热到上亿摄氏度，然后用磁场对它进行控制，这就是托卡马克。你们可能不知道什么是托卡马克，但是我相信你们肯定看过两部电影，一部是《钢铁侠》，这是十几年前在国际上非常流行的科幻片，钢铁侠的发动机就是我们的托卡马克，也就是刚才说的 $E=mc^2$，所以钢铁侠战斗的时候就带了一小瓶的重水。当它变成气体的时候，钢铁侠就可以在整个太空里边穿行几十年没有问题，这个就是托卡马克。另一部电影是三年前根据刘慈欣同名小说改编的《流浪地球》，影片讲述了太阳即将毁灭，地球已不适合人类生存，怎么办?

科学家用1万个高核的重聚变发动机推着我们地球离开太阳系，用2500年的时间奔往新家园，同时我们要为此付出巨大的代价。大家靠抽签的方式获取进入地下城的资格，抽到幸运签以后可以待在地底下，2500年以后，我们才有可能到另外一个星球。

这虽然是科幻，但现实也是一样的，我们希望未来用聚变拯救地球，同时也希望在地球没有毁灭之前聚变能够为我们更美好的生活做更多贡献。这就是我们为什么要发展可控核聚变技术。

托卡马克的概念最初是20世纪50年代由苏联莫斯科库尔恰托夫研究所的阿齐莫维齐等科学家提出的。大家可以想象一下，那么大的火球，那样高的温度，能达到几百万摄氏度的高温已是不易，更别说1000万摄氏度了。1968年8月，在第三届等离子物理和受控核聚变国际会议上，阿齐莫维齐宣布苏联的托卡马克装置可达到1000万摄氏度，令世界震惊。

后来英国人专门派了一个皇家学院实验室的科学家带着自己用的仪器测量了苏联当时的托卡马克装置的数据，证实了温度已超过1000万摄氏度，达到了1200万摄氏度，从此以后托卡马克就风靡全世界了，当然咱们公众对此还是了解得较少。我们知道芯片界有一个最著名的摩尔定律，什么叫摩尔定律？就是芯片上集成的元件数量每8个月翻一番。

如果要看我们聚变的发展，每18个月也能翻一番。但是为什么大家都不知道？就是因为这个门槛太高了。我们聚变的发展翻一番，跟我们所说的"劳森判据"差得太远了。1957年，35岁的劳森，英国剑桥大学著名的科学家，花了大半年的时间提出了"劳森判据"，即温度、密度、约束时间三者的乘积一定要达到 10^{21}，才有可能发生核聚变反应。但是，不到一年他就放弃了，他说不可能，这是永远不可能做到的。他过世之前说了一句话：我这辈子做得最正确的事就是没有选择聚变，因为这是不可能的，这不是人类能做到的。

10^{21}，当时他做的时候只有 10^{10}，所以你可以看出来，50年过去了，我们把这个值从当年的 10^{10} 做到了 10^{20}，甚至接近了 10^{21}。我国从20世纪50年代就开始着手对核聚变的研究，大家如果去四川乐山旅游，在离乐山大佛不远的地方，还能看到核工业西南物理研究院乐山基地旧址（图12），即现在的中国核聚变博物馆，那里有"中国环流器一号"的实验装置，大家可以去看一看我国老一代科学家如何做核聚变研究的历史资料。当时，李正武院士带着一批科学家，十几个人在四川乐山艰苦创业，一开始还没有托卡马克，那时苏联人发明托卡马克的消息还没有完全公布，我们的科学家还在做反场装置的研究。由潘垣院士去组织工程实施，应该说做得非常好。磁约束托卡马克聚变的发展如图13所示。

◎ 图12　核工业西南物理研究院——磁约束聚变最早的基地

◎ 图13　磁约束托卡马克聚变的发展

霍裕平院士，20世纪80年代曾担任中国科学院等离子物理研究所的所长，他在当时做了一个很重要的决定。我刚才说了托卡马克是苏联人发明的，我们想要做一个托卡马克，最快的方法是什么？是"抄"，对吧。当时的苏联准备建造一个更大的托卡马克，有意向把T-7托卡马克给其他国家。霍裕平院士当机立断，停止在建的非超导托卡马克项目，引进T-7装置。当时除了我国想要T-7装置，印度也想要，经过谈判，我们决定拿东西跟苏联"换"。

我国经过改革开放的发展，在1989年时已经有很多产品很不错了，比如我们的电饭锅、电视机、复印机等。我们已经生产并投入使用了"286""386"电脑，苏联当时没有，他们向美国买，美国又不卖给他们。还有中国生产的好的羽绒服、年轻人喜欢的牛仔服，再加上瓷器等生活用品。这些物品约折合人民币400万元，用了我们全所人全年工资的一半。T-7装置当年价值1800万卢布，当时的汇率1卢布兑换3.6美元，我们用400万元人民币换取了一套托卡马克装置，这是一笔划算的买卖，对吧。所以你们看到我们的科学家、我们的院士不都是像陈景润一样只懂科学，也有懂得做生意的。

T-7装置运来后，我们就把它所有东西都拆了一遍。我们不是简单地去"抄"，而是把它整个拆一遍后改装成了"HT-7"超导托卡马克。在2008年之前我们做了大量的实验。2003年，"HT-7"超导托卡马克实验我们就可以做到最高电子温度超过5000万摄氏度，获得可重复的大于60秒的放电时间，这入选了当年"两院"院士评出来的全国十大科技进展新闻。当然不光是这个，我觉得最重要的一点就是用这个装置训练出了一批人，我本人就在这个装置上得以训练（图14）。

我刚才只说了一个最基本的原理，就是一定要用磁场把它悬浮起来，才有可能产生巨大能量的输出。20世纪90年代，全世界做了一些托卡马克，都已经在一秒的时间尺度上面实现增益因子大于1.0，就是输出大于1.0，温度也做到了三四千亿摄氏度，但是持续时间仍然很短暂。

那么很多人就问，为什么只做三四秒时间？为什么不长一点？因为有两件事情比较难，我刚才说的一个是点火，你需要巨大的能量点到上亿摄氏度。另一个是维持磁场。我们当年接着欧洲做的最大的一个托卡马克，维持了三秒钟的实验，将近35亿摄氏度，10兆瓦的聚变功率花掉650兆瓦的注入功率，为什么要这么大的代价？就是我要有个磁笼的磁场，像未来一样去做，怎么能够做到输入更小、输出更大呢？这就是工程的可行性，就是怎样把最大的消耗能量降下来。

◎ 图14　合肥超环——吸收消化、锻炼队伍

我们在中学阶段学的功率等于电流的平方乘电阻，一旦你的电阻等于0，650 MW 的功率顷刻之间也就归为0。怎么让电阻等于0？超导态是什么概念？超导态就是一个导体在零下269摄氏度，所有的热运动都没有了，这个时候电流在超导体里边运动是可以畅通无阻的。零下269摄氏度的代价太大，而且我刚才说了我们实现聚变要上亿摄氏度的高温。要把零下269摄氏度和上亿摄氏度放在一起，这是两个极端。

大家都知道氢弹爆炸时有强烈的冲击波（图15），周边的房子顷刻之间就被冲击倒。对于核聚变反应来说，尽管你用强磁场将火球悬浮，但是它仍然有很多的中性粒子对材料有强相互作用，这种强相互作用比我们的飞机发动机、航空发动机的条件还要苛刻100倍（图16）。如果用数字来说，每平方米1兆瓦是飞机发动机工作2万个小时所需要的能量。

尽管有磁悬浮，但对等离子体的控制仍然非常之难。为什么说控制难？大家知道航天飞机飞行时有那么一段时间是困难的。哪一段？就是航天飞机穿过

大气层时，飞行速度极快，这就让航天飞机与大气层产生强相互作用，在航天飞机周围形成等离子体层，这时对它的探测信号就有了一段时间的中断，形成了一段黑障区。有那么几分钟的时间通信中断，但是不要紧，一旦过了大气层，可以再发信号重新连接通信。

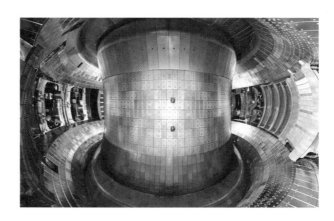

◎ 图15　氢弹爆炸的蘑菇云　　　◎ 图16　等离子体与材料高负荷强相互作用

　　所以，我为什么说超导托卡马克这件事情比登天还难？我们要有零下269摄氏度的超导线圈，要有抗高温、耐辐照高分子材料，要有先进控制运行技术。精密控制的时间尺度要小于0.1毫秒。20世纪60年代，阿波罗已经把美国人送上了月球，但是到目前为止，美国人也还没有用聚变来发电，所以这件事真的很难。

　　所以我经常遇到令我非常尴尬的事情，就是别人说："你都60多岁了，为什么干了40年还没有把这件事干出来？"不是我不努力，而是这件事实在是太难了。

　　托卡马克装置看起来就像我们吃的甜甜圈一样，但是它是用磁场做的一个甜甜圈，这个"甜甜圈"你是看不到的，它产生的温度要像我们的太阳，要像我们的氢弹，你要把"人造太阳"悬浮在一个零下269摄氏度的笼子里面，这就是全超导托卡马克（图17、图18）。从托卡马克到全超导托卡马克，大家都想做这件事，但是实在是太难了。我们核学院的首任院长万元熙院士1996年就提出，我们要建一个全超导托卡马克，这不光是现实的科学问题，还有技术问题。

◎ 图17　超导托卡马克

◎ 图18　全超导托卡马克——东方超环

1996年万元熙院士向时任国家总理李鹏提出一定要率先在中国建造世界上第一个全超导托卡马克，2000年10月正式批准动工，我们终于在2006年9月把它做成了（图19）。这个装置第一次放电只有两秒钟，温度只有500万摄氏度。500万摄氏度不是很高，我们希望做到上亿摄氏度，能够稳态运行上千秒。

面对上亿摄氏度稳态运行的挑战，大家又可以看到很多问题，一旦产生了这么高的温度，它对外面有辐射，这就对托卡马克所有的东西提出了材料的高要求。刚才有位同学问，你的光来了以后是不是会把材料打坏？我们核聚变跟光是一样的，尽管单位面积或许没有光这么强，但总共的辐射也是很厉害的。就像你把手放在电炉上一样，放一秒钟你可能觉得无所谓，但是放半个小时，你就受不了了。

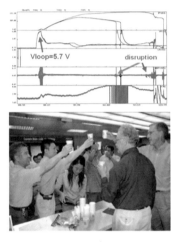

◎ 图19 2006年9月26日，
东方超环成功获得等离子体

所以我们在这里面用的全部是最耐辐射的高温合金，即钨合金，它可以耐3500多摄氏度的高温，所以尽管中心温度是上亿摄氏度，我们用方法使它周围是三四千摄氏度，然后又有真空这一段距离。真空距离会有能量的损失，热传递有三种方式：热传导、热对流和热辐射。我们不通过强磁场的悬浮和真空，而是让它只有一种辐射损失，并且让这种辐射损失尽量降至最小。

我们要保证材料能够长时间耐受高温不会坏，再加上这里面又有非常好的冷却系统，只要有任何能量打到这个材料上面，可以很快把它拿走。所以我们的托卡马克装置里面有100万个部件，每一个部件都以毫米级的精度固定到位。

应该说我们从建制到现在做了15年，特别是去年我们在工程技术问题上和对一些科学的理解上有了很大的突破，我们可以实现可重复的1.2亿摄氏度100秒的等离子运行。大家可以从图20中看到我们的装置内部已经看上去不像之前的图片那么亮了。我刚才说了三五百万摄氏度时它是亮的，而图片中的中间温度就有1.2亿摄氏度。1.2亿摄氏度是什么概念？比太阳中心的温度还要高五六倍。

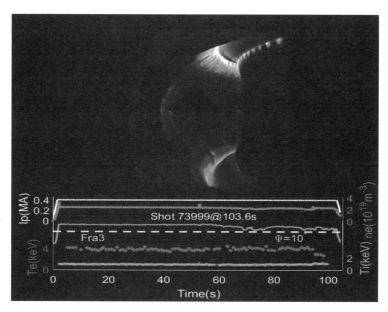

◎ 图20　上亿摄氏度稳态运行的挑战

温度太高可见光就被全部电离，人就看不到了，所以我们说的黑洞是什么？黑洞密度极高，能量极高，连光进去都出不来。我们在去年底实现了在7000万摄氏度的高温下运行1056秒的世界纪录，这是一个巨大的突破。

如果1000秒的时间能维持，接下来1万秒的时间能维持，那么未来发电的可能性就大大提高，更加可靠和可行，这就是我们现在的东方超环（图21、图22）。

欢迎同学们参观我们的东方超环装置，在座的同学尤其是咱们核学院的同学应该都去过，也欢迎其他同学去现场参观。东方超环上面有一面五星红旗，颜值很高，还是不错的。没有疫情的时候我们每年都能吸引数千位国外科学家来参观，特别是在去年，我们做实验时，大家可以看到图23上这个控制室里同时有几百人。控制室的设计比较现代化，这也是我花了很多心思设计的，还是很壮观的。

◎ 图21 东方超环实验设施

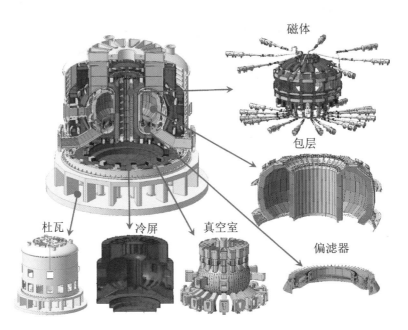

◎ 图22 托卡马克主机(38900T)

做大科学工程一定需要一个团队，少了哪一个人，这个事情都很难做，一个人想走得很快不行，大家一定要齐心协力共同努力。

1985年10月，国际热核聚变实验堆（ITER）计划被正式提出（图24）。我国2005年12月正式申请加入ITER。2006年11月21日,欧盟、日本、俄罗斯、中国、韩国、印度、美国七方在巴黎正式签约,ITER计划由占世界56％人口和87％土地的国家共同参与。解决未来的能源问题,是我们人类共同的路线、共同的目标。不光是我们中国人,全世界人都想做成这件事。

◎ 图23　东方超环控制室

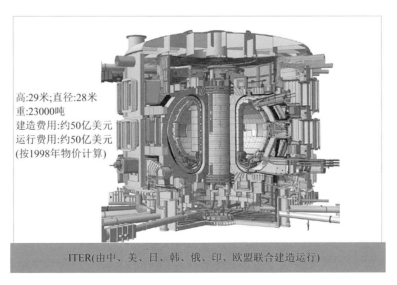

◎ 图24　国际热核聚变实验堆(ITER)

最初，ITER计划仅由美国、俄罗斯/苏联协谈，之后欧盟和日本加入。1998年，美国出于政治原因及国内纷争，加上后来他们发现了液燃气，不觉得核聚变的可利用价值高，于是以加强基础研究为名，宣布退出ITER计划。我国于2003年1月初正式宣布参加协商；随后1月末，美国宣布重新参加ITER计划；其后，韩国、印度也先后加入，就变成了七方。

要集全世界的科学和工程之力来建造ITER装置，并把它建在法国，需要消耗100亿美元，其中50亿美元用于建造，50亿美元用于运行，挑战还是比较大的，不是一两年就能建成的。

2006年，我还记得时任财政部副部长楼继伟到我们所参观，我就跟他讲这件事，楼继伟部长说："建刚所长，这么好的东西，咱们怎么不申请把它建在中国？"我说："楼部长，建这个装置需要50亿美元。"他一听50亿美元，说："时代不一样了，这应该不是个事。"我说："不是钱的问题，主要是我们要把全世界最优秀的工程师和科学家聚在一起来建这个东西。"

现在应该说已经建得很不错了，它30米高，整个才23000吨，第一次能够演示400秒的时间，可以产生5×10^5 kW的聚变功率，这里面涉及很多的技术。

就像东来院士刚才说的，我们大科学工程比其他工程都要难，尤其体现在材料上。你比如说磁悬浮我们要用磁场，对吧？磁场要用什么？要用NbTi（铌钛）这种材料，让它产生大于地球磁场1万倍的磁场，这个材料我们以前没做过，特别是在中国，我国在参加ITER前的40多年时间里产量非常低。而如今国内企业中已掌握了全世界最先进的技术，生产规模和产量也是全世界最大的。西北有色金属研究院、西部超导材料科技股份有限公司（以下简称西部超导）现在一年的产量已经非常大。

ITER计划首个大型超导磁体线圈——极向场六号线圈（PF6线圈）总重约400吨，相当于两架波音747飞机的重量，看上去"五大三粗"的。我国没参加ITER计划之前非常缺乏超导材料，而ITER计划一个项目就需要150吨的NbTi超导线材，我国如今已具备这样的生产能力。

我们经过10年的发展，比如，西北有色金属研究院专门成立了一个陕西稀有金属科工集团，主要生产超导材料，通过承担ITER材料生产任务，提高创新能力，取得多项技术成果。

给我们的任务不止如此，在成功研制ITER用超导股线的基础上，西部超导成功开发了核磁共振成像仪（MRI）专用NbTi超导线。目前，46％用于核磁共振成像仪的股线都由西部超导供应。这是一个非常好的例子，就是我们通过ITER建设大科学工程，可以把其中很多技术用到国民经济上去。

大家可以从图25中看到，这是几十年前，万元熙院士做的一个中国磁约束聚变能发展技术路线图，就是我们什么时候才能使用核聚变发电。ITER建成了以后，我们再建一个工程示范堆，工程示范堆建成以后就能够发电了。

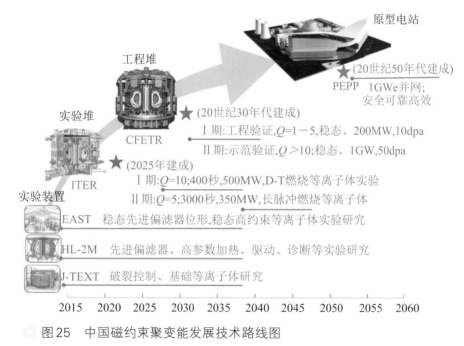

◎ 图25　中国磁约束聚变能发展技术路线图

我们希望在21世纪30年代开始建工程示范堆，21世纪40年代差不多能初具雏形，21世纪50年代再建商用堆，这是一个30年的路线图，现在正在按部就班地往前走。但是现在国际形势发生了巨大的变化，特别是俄乌冲突对能源需求、"双碳"目标都产生了一定的影响。

大家可以看到，图26就是我们设计的中国聚变工程实验堆（CFETR），体积比ITER实验堆还大了60％，整体性能比ITER实验堆高了4倍。

这个项目也是由中国科学技术大学牵头，全国有36个单位，八九百人一起参与的，中国科学技术大学核科学技术学院是作为总体组的依托单位，在总体组的领导下，每年召开CFETR集成工程设计年会暨聚变堆设计研讨会，有七八百人参加，持续一周的时间。

◎ 图26　中国聚变工程堆

去年我们终于把这个工程设计做完了，开始做预研。图27就是我们的新区——聚变堆主机关键系统综合研究设施（CRAFT）园区，目前已经正式交付启用。我们计划把聚变最难的两大系统先做一遍，目前，已经完成100余个关键里程碑建设任务及核心部件的设计、预研和测试验证。ITER计划的前期，美国、俄罗斯、日本、欧盟四方花了十几年的时间完成七大部件预研，耗资15亿美元，然后开始ITER计划的建设。我们计划通过对19个系统（16个CFETR关键系统）的建设，通过完全自主设计、研制以及未来科学研究，为聚变堆的建设奠定坚实的基础，我们未来建设这个东西就非常有把握了，这个应该说得益于我们的体制，国家在财政方面给了非常大的支持。

大家可以看到，图28是我们已经交付使用的聚变堆主机设施基建，到了晚上就是这样一个场景，还是很漂亮的，比我们绿色的控制室还好看。

◎ 图27 科学岛"东方超环"

◎ 图28 聚变堆主机设施基建夜景

聚变堆主机设施建成之后还是不错的，我们举全国之力能够把这件事情做得非常好。一旦建成以后，大部分的技术都能走在国际前列，而且能实现未来聚变堆全部技术、部件、系统的国产化，实现以我为主、自主可控。

在等离子体物理和托卡马克上面，仍然没有脱钩，我们每年还开很多的会，所以现在ITER计划各方依然合作得很好，美国不仅没有削减经费，而且将与中国的国际合作经费增加了2.5倍，就是鼓励美国科学家到中国来。为什么？因为他们认为美国政府短视，政府只关心一届，最多两届的事，而聚变的发展至少是20年的事，所以他们这几年的发展远远落后于其他国家，比如说落后于日本，落后于欧洲国家，特别是落后于我们国家。我刚才说的这种科学实验，只能到中国来做，我们每年有一个月的时间专门给美国科学家做实验，当然他们的基地每年也有两到三周的时间专门给中国科学家做实验，合作得还是不错的，可以看到全世界都有我们合作的点。

2017年11月，"ITER十年——回顾与展望"大会在北京召开。大家可以看到，图29中站在这个台上的都是全世界著名的科学家，我们讨论了过去的10年是怎么发展的，今后10年该怎么发展，大家一致认为聚变研究是伟大的，大家一起来做，ITER是重要的，我们一定要把它做成，下一步是一定要实现聚变发电。ITER组织总干事贝尔纳·比尔高度赞扬中国发挥的作用，他说："中国的贡献很大，积极性很高，中国政府给予了充分支持。迄今中国一直按时按规格需求交付创新型的特定组件，所以中国是ITER项目建设真正的典范。"实事求是地说，我们现在整体实力，不输任何一个国家。

欧盟整体实力比较强，因为它有27个国家，加上瑞士作为欧盟的这一方，他们比我们做得更好，因为他们无论是整个的工业体系、科学家的数量，还是对科学的理解程度都比我们强，我们跟他们比还是有差距的。但是欧盟议事的规则是所有成员国拥有"一票否决权"，包括科学实验，都是如此，非常耽误时间。现在做得好的两个国家，一个是法国，一个是英国，尤其是英国，特别想做聚变的示范实验堆。英国脱欧之后，斥资2亿英镑建造全球首个商用核聚变发电厂，并号称到2030年将实现核聚变发电，2040年将实现核聚变能源生产的商业化，给全世界提供能源。尽管英国雄心勃勃，我认为他们目前核聚变的发展和我国相比尚有差距,计划很难按期完成。

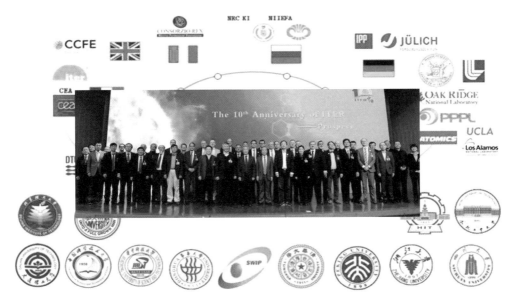

◎ 图29　北京宣言:国际聚变界支持CFETR

大科学装置能够催生很多的国民经济的应用,聚变也一样(图30)。我举两个例子。从医学上讲,最棘手的疾病是什么?癌症。癌症的致死率非常高。前几天一个跟我关系非常好的同学才61岁,因为肝癌去世了,为什么?发现晚了,治疗晚了,没有办法。所以癌症我们就希望第一要发现得早,第二要治得准。怎么发现得早呢?我们可以运用核磁共振成像技术。大家看到,我们现在的商用核磁共振成像技术运用的就是超导的原理(图31)。

我们现在商用的最便宜的1.5T作用下的核磁共振设备可以发现像我手指甲盖这么大——几毫米的癌组织,但有些癌症在发现的时候已经晚了,没有办法做手术的时候,是非常可怕的。我们现在在发展超高场核磁共振技术,超高场的话大家都知道现在7T已经出来,中国科学院9T也出来了,下面就想发展11T和14T,我相信不会再要40年,很快就能做出来。

一旦发现得了癌症怎么办?不能做手术的话就化疗、放疗,这是我们以前用的方法,但是副作用很大,化疗和放疗在杀死癌细胞的同时,还会杀死快速分裂的健康细胞。很多癌症病人去世并不是由于癌细胞发展得太快,而是失去

了正常的免疫功能。

◎ 图30　聚变技术"沿途下蛋"——高新技术应用与成果转化

◎ 图31　聚变技术应用:精确超导质子治疗癌症

现在什么都讲精准，怎样叫精准？我用加速器的方法把离子聚焦在0.28毫米的地方，哪个地方有癌细胞我就打哪里，其他地方不碰。几十年前国外就有了一个庞大的质子加速器，造价要数亿元人民币，治疗一次大概需要花费一两万美元。前几年上海也进口了一台加速器，治疗一次需要30万元，一般两三次治疗就可以达到效果。

只是这种加速器太贵了，一方面是造价贵，另一方面是治疗贵，我们现在就把超导的技术用在这方面。加速器不再那么大，我现在站的台子上就可以放下一个直径2.5米、200 MW的超导质子回旋加速器，用超导的方法可以把整个机器的造价控制在1亿元以下。1亿元以下是什么概念？县级医院都能够使用，治疗一次费用大约为5000元。超导质子回旋加速器我们已经做好了，现在开始临床应用，已经拿到了许可证，我相信5年以后就能够批量生产，要比我们聚变发电实现快得多（图31）。

第二个例子是能源。我们的聚变比美国人做得好，一旦我们聚变发电做成功了，一年一座聚变电站只需要150公斤重水和锂。现在的重水价格是多少？每公斤5000元，未来就算涨到每公斤10000元，150公斤也就150万元，像合肥这样规模的城市，10座这样的聚变电站就够了。也就是说，一年只需要1500万元的原料费，就可以产出供合肥一年使用的电量。

另外聚变发电还有副产品，因为聚变温度这么高，可以直接把海水淡化，另外就是可以高温制氢，因为750摄氏度以上高温可以直接把水变成氢和氧，所以氢气是免费的，水也是免费的。大家都知道氢气非常有用，特别是包校长知道怎么样把氢气做成各种各样的化学电池，这种氢燃料电池可以装车、装飞机、装船，是具有前景的新能源。

所以聚变发电电费是"白菜价"，氢气、水是免费的，那个时候我们就不需要这么多的船到外面去运石油，也不需要那么多的管道去引天然气。

我刚才说了"碳中和"，特别是刚才我说2020年我国的碳排放量是110亿吨，怎么去解决？如果建100座聚变电站，可以提供8.5亿吨减排量，如果能够做成，那么在21世纪五六十年代能起到一定的作用。如果说建1000座聚变电站，差不多就能提供85亿吨减排量。这也就是国际能源署所说的，人类的终极能源，聚变是大头，可再生是补充。

当然现在的情况是可再生能源在能源结构中占更多比重，但是从能量密度，从全生命周期对资源的利用上，人类还是应该用聚变（图32）。

◎ 图32　未来人类终极能源系统：综合互补系统（60%～80%聚变+20%～40%可再生能源）

尽管刚才图25展示的能源替代要到2040年、2050年，但我觉得我们已经到了一个新的时代，这个时代可以利用市场的资本、科学家的技术、国际合作的优势，把聚变这件事情往前推。

我们现在所处的时代比当年霍裕平院士带着我们把每月45元钱的工资拿出一半去换苏联人的托卡马克的时候好很多。大家可以看图33，这就是我们设计的一个聚变功率可达到100～200 MW的托卡马克——夸父启明（BEST），我们基本上完成了全部设计，希望今年能够开始实验。我做聚变整整40年，今年是第40个年头，我1982年大学毕业来到科学岛，大事也没干，就干了这件事，还没干成。但是我非常荣幸，很多领导人都来问我，聚变发电这么好，什么时候能够做成？我相信今天在座的各位肯定也会有人问我什么时候能做成。以前我总说在我的有生之年能够看到一盏灯被聚变发电点亮了，我就满足了。你可以看到我们国家有两个优势：第一个优势是我们国家不管是哪一届的领导，都有非常长远的眼光；第二个优势是我们的人民，中华民族是一个勤劳的民族，所以用我们的汗水，浇灌聚变发展之路，终能点亮希望之灯。

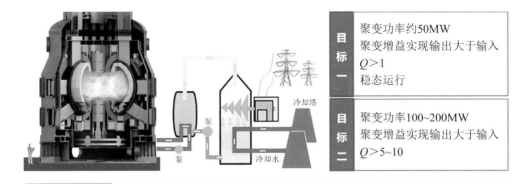

目标一	聚变功率约50MW 聚变增益实现输出大于输入 $Q>1$ 稳态运行
目标二	聚变功率100~200MW 聚变增益实现输出大于输入 $Q>5$~10

科学问题	1.燃烧等离子体高增益自持技术 2.长时间燃烧等离子体稳定控制

◎ 图33　夸父启明(BEST)

（项赟飚　刘　佳　整理）

9

科学与人文的融合
『当代达尔文』爱德华·威尔逊的知识遗产

报告人介绍

周忠和

周忠和，江苏扬州人，古生物学家。1986年毕业于南京大学，1999年获美国堪萨斯大学博士学位，主要从事中生代鸟类与热河生物群的研究。现任中国科学院古脊椎动物与古人类研究所研究员，中国科学技术大学人文与社会科学学院院长，*National Science Review* 副主编，*Current Biology* 编委，《知识分子》总编，中国科普作家协会理事长。曾任国际古生物学会主席、中国科学院古脊椎动物与古人类研究所所长。新版《十万个为什么（古生物卷）》的主编。2010年当选为美国科学院外籍院士，2011年当选中国科学院院士。

报告摘要

爱德华·威尔逊（Edward O. Wilson，1929-2021）有"当代达尔文""达尔文传人""蚂蚁之王"之美誉。他是美国国家科学奖、克拉福德奖、泰勒环境成就奖、世界自然基金会金质奖章、两届普利策奖得主。《社会生物学：新的综合》奠定了他社会生物学之父的地位。他是生物多样性保护的倡导者，通过《论人性》《知识大融通：21世纪的科学与人文》《缤纷的生命》等作品，提倡的知识大融通和生物多样性保护的理念是他留给后世最大的知识遗产。

主持人介绍

包信和

　　物理化学家，理学博士、研究员、教授，中国科学技术大学校长。中国科学院院士、发展中国家科学院（TWAS）院士和英国皇家化学会荣誉会士（HonFRSC）。主要从事能源高效转化相关的表面科学和催化化学基础研究，以及新型催化过程和新催化剂研制和开发工作。曾任中国科学院大连化学物理研究所所长助理、副所长和所长，中国科学院沈阳分院院长，复旦大学常务副校长。第九届、十届、十二届、十三届、十四届全国人大代表。第十三届和第十四届全国人民代表大会常务委员会委员。

周忠和:人类未来一定离不开科学与人文、社会的融合

爱德华·威尔逊被誉为"当代达尔文""达尔文传人""蚂蚁之王""社会生物学之父""生物多样性之父"……

1996年,威尔逊被《时代》杂志评为25位最具影响力的美国人之一。

《自然》杂志这样评价他:"不仅是一位世界级的科学大师,还是一位伟大的作家。"

系列科普报告会上,人文与社会科学学院院长周忠和院士作《科学与人文的融合:"当代达尔文"爱德华·威尔逊的知识遗产》报告。

威尔逊在他的自传《博物学家》中写道:"每个孩子都有一段喜爱昆虫的时光,而我始终没有从中走出来。"威尔逊的科学生涯正是从研究蚂蚁开始的。

导 读

威尔逊一生中发现了 400 多种蚂蚁，通过与化学家、数学家的合作，破解了蚂蚁交流的化学密码。"蚂蚁岛屿生物地理学的研究奠定了保护生物学的基础，是威尔逊留下的最重要的知识遗产之一。"

1975 年，威尔逊出版了《社会生物学》。周忠和院长指出："他在这本书中首次提出并命名了社会生物学学科，催生了进化心理学，这奠定了威尔逊社会生物学之父的地位。"

威尔逊正是从这本书开始，把社会生物学的成果延伸到了社会学人类学方面。但他在书的最后一章提出人类许多的社会行为，包括侵略性、自私性，乃至道德伦理和宗教等具有生物学基础，引起了很大争议。

幸运的是科学经受住了考验。1995 年，《社会生物学》被国际动物行为学会评选为"有史以来最重要的动物行为学著作"。周忠和院长说："《社会生物学》是威尔逊留下的第二大知识遗产。"

"科学与人文的知识融合是威尔逊的第三大知识遗产。"周忠和院长介绍，如 1978 年发表的《论人性》，从进化生物学的角度讨论了人类的攻击、性、利他行为等。威尔逊于 1998 年发表的《知识大融通：21 世纪的科学与人文》，涵盖了物理学、人类学、心理学、哲学宗教、伦理艺术等，试图建立一个统一的知识体系……

可以说，威尔逊与达尔文有很多相同点。比如，他们都从小热爱动物和自然，意志坚定，都是优雅且高产的作家；都是细心观察的博物学家，而且都基于野外考察的生物地理学研究；在学习思考过程中改变了对宗教的信仰；研究领域从生物延伸到人类，并引起巨大争议，影响超越了自然科学领域。

周忠和院长认为："两人最大的共同点是，达尔文揭示了人类的'卑微'身世，威尔逊揭示了人类天性的'卑微'基础。"

对生命来说，繁衍后代是其最重要的特征。周忠和院长认为还有两种关系也非常重要，一个是遗传与环境的关系，对于人类来说就是基因与文化的关系；另一个是个体与群体的关系。这两种关系贯穿于整个生命演化的过程。

周忠和院长表示："人类的未来，一定离不开科学与人文、社会的融合。"

包信和校长致辞

各位同学、各位老师，特别是各位线上的朋友，大家下午好！

很高兴由我来主持中国科学技术大学为本次科技活动周暨第十八届公众科学日举办的系列科普讲座。这是本次系列讲座的第九场，也是今天的最后一场，本场讲座由中国科学院院士、中国科学技术大学人文与社会科学学院院长周忠和院士主讲。大家都知道，周忠和院士有很多头衔，他是中国科学院古脊椎动物与古人类研究所的研究员，曾经也担任该研究所的所长。在这里，我要着重介绍一下，周忠和院士是中国科普作家协会的理事长，是科普方面的专家，我相信他今天一定会带来一场内容丰富的科普讲座。周忠和院士还参与了其他很多方面的工作，特别是周忠和院士还是新版《十万个为什么（古生物学卷）》的主编。我们都是在《十万个为什么》这一系列科普图书的陪伴下长大的，对这一系列科普图书的感情很深，也学习到了很多知识。此外，周忠和院士不仅是中国科学院的院士，还是美国科学院的外籍院士，在国际古生物学领域很有影响力。

今天下午，周忠和院士要给我们讲的是一个非常有意思，也是非常重要的科学家，他是"当代的达尔文"。大家都知道，爱德华·威尔逊是一位非常重要的社会生物学家，他不幸于去年去世了。爱德华·威尔逊给人类留下了很多的遗产，特别是在社会生物学、社会学领域。

下面就让我们以热烈的掌声欢迎周忠和院士给我们讲解爱德华·威尔逊给人类留下的文化遗产，谢谢大家！

周忠和讲座

非常感谢包信和校长的介绍！今天我应包校长的邀请参加"走近科技与我同行"这个活动，感到非常高兴，也倍感压力。我今天要给大家分享的是"科学与人文的融合——'当代达尔文'爱德华·威尔逊的知识遗产"。

首先，我想给大家介绍一下威尔逊。可能有很多人知道他，但并不真正了解他。他是一位生物学家，刚才包校长在介绍中也讲到了，爱德华·威尔逊是一位非常著名的世界级的生物学家，于2021年12月26日逝世。他逝世后，全世界的科学界以及社会各界都对他进行了悼念，《自然》（*Nature*）、《科学》

（*Science*）等科学期刊，以及几乎所有的重要媒体都进行了报道，例如《科学》称其为"开创性的博物学家"，《纽约时报》（*The New York Times*）、《华盛顿邮报》（*The Washington Post*）、BBC（British Broadcasting Corporation）等世界知名媒体也都通过报道和纪念活动对他进行缅怀（图1）。

◎ 图1 《自然》《科学》《美国国家科学院院刊》对爱德华·威尔逊的报道

当然，威尔逊还有很多头衔，很多人称其为"达尔文的传人"，也有人称其为"当代达尔文""20世纪的达尔文""生物多样性之父"。其实，他最喜欢的身份是博物学家，因为他是世界上研究蚂蚁最权威的学者。

威尔逊还有个更重要的头衔——社会生物学之父，也有人称他为"生物多样性之父"。大家看他有这么多不同的头衔就知道，他涉猎的领域非常广泛。1996年，他被《时代》周刊（*Time*）评为25位最具影响力的美国人之一。《自然》曾经称赞他"不仅是一位世界级的科学大师，还是一位伟大的作家"。图2展现的是《时代》周刊在1997年介绍社会生物学的杂志封面，文章《你的行为及其原因》（*Why You*

◎ 图2 《时代》周刊介绍社会生物学的杂志封面（1997年）

Do）介绍的就是关于行为学的一种新的理论。

爱德华·威尔逊的影响力主要来自于他的科学成就，这是他的人生基石，他获得了科学界许多极为重要的奖项，如美国国家科学奖、克拉福德奖、泰勒环境成就奖、世界自然基金会金质奖章等，更令人惊叹的是他还曾经两次获得了普利策奖。

大家可能对其中的很多奖还不是很熟悉，如克拉福德奖。大家不知道的是，克拉福德奖的地位和诺贝尔奖的地位是相当的，它是瑞典皇家科学院于1980年设立的，以补全诺贝尔奖没有覆盖到的领域，如数学、天文学、地球科学和生物科学，尤其是生态学、进化生物学等。

在工作上，爱德华·威尔逊是个标准的工作狂，其成果丰硕可谓著作等身。在人际交往方面，他是个和蔼可亲、彬彬有礼的人，但是对很多人而言，他是一个很有争议的人。关于他为什么存在争议，我将从以下四个部分进行介绍。

一、从蚂蚁开始的科学生涯

1929年出生于亚拉巴马州的爱德华·威尔逊（图3），最初对鸟类、哺乳类等脊椎动物充满了好奇，但是他因为童年时期的一次钓鱼事故丧失了右眼的视力，这严重影响了他对脊椎动物的观察。从此，世界上少了一位优秀的鸟类学家，诞生了一位顶尖的蚂蚁生物学家。

威尔逊1949年毕业于亚拉巴马大学，在就读期间他专攻昆虫学，并于1955年获得了哈佛大学的博士学位。毕业后他入职哈佛大学，将一生都奉献给了昆虫研究（图4）。他在一生中发现了400多种蚂蚁，并且通过与化学家、数学家的跨领域合作，破解了蚂蚁交流的化学密码——外激素（pheromones），又称信息素。威尔逊在他的自传《博物学家》（*Naturalist*）中这样描述他和蚂蚁的情缘："每个孩子都有一段喜爱昆虫的时光，而我始终没有从中走出来。"可以说，蚂蚁是他一生的最爱，这份源自童年的兴趣和执着最终成就了他的一生。

◎ 图3 爱德华·威尔逊

◎ 图4 在野外考察的爱德华·威尔逊

在科学成就方面，除了关于蚂蚁的形态学、分类学、行为的研究之外，威尔逊另外一项比较重大的、国际学术界都普遍认可的科学成就是岛屿生物地理学理论。1967年，《岛屿生物地理学理论》(*The Theory of Island Biogeography*)面世，这部著作是由威尔逊和生态学家罗伯特·麦克阿瑟合作编著的（图5）。书中定量阐述了岛屿物种的丰富度与面积的关系（图6），并且提出了在生态学上较为重要的一个概念，就是r-、k-选择的概念。关于这个概念，我在这里就不做详细的解读了。岛屿生物地理学，又称岛屿生物学，该理论成为了现代保护生物学的基础，也推动了景观生态学的发展，这也是该理论带来的第一个跨学科的重要影响。

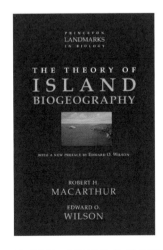

◎ 图5 《岛屿生物地理学理论》

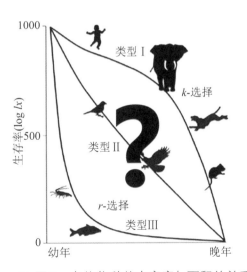

◎ 图6 岛屿物种的丰富度与面积的关系

1969年，威尔逊在40岁的时候当选了美国国家科学院院士（图7），这一点和达尔文很相似，他们都成名很早。前面我们提到过，关于蚂蚁的研究贯穿了他的一生，我们可以看到，他在1971年创作的《昆虫社会》（*The Insect Societies*）获得了美国国家图书奖的提名（图8）。在这本书中，他说道："这本书的成功提示了我，我应该对脊椎动物，包括哺乳动物、爬行类、两栖动物和鱼类进行类似的综合研究。"这次获得美国国家图书奖的提名大大激励了威尔逊。1975年之后，他在社会生物学领域的研究逐渐拓展到了其他一些生物类群的研究。

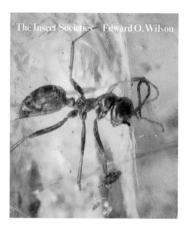

◎ 图7　40岁当选美国国家科学院院士的爱德华·威尔逊　　◎ 图8　《昆虫社会》

1990年，威尔逊在蚂蚁研究方面第一本较为著名的，与他的同事、另一位蚂蚁专家——博尔特·霍尔多布勒共同写作的书——《蚂蚁》（*The Ants*）获得了普利策奖（图9）。这是非常难得的，因为这是普利策奖第一次颁给专业的学术类图书。紧接着，1994年，这两位蚂蚁专家又合作了完成了一本更具科普性的、适宜儿童阅读的图书——《蚂蚁之旅：科学探索的故事》（*Journey to the Ants：A Story of Scientific Exploration*）（图10）。

2010年，威尔逊将自己对于蚂蚁的热爱、研究和在文学方面的才华结合了起来，小说《蚁丘》（*Anthill*）由此诞生，这也是他的首部虚构作品（图11）。威尔逊的文笔之好在科学家中是极为罕见的，《蚁丘》曾长时间在《纽约时报》的畅销书一栏中占据一席之地。2020年，威尔逊撰写的《蚂蚁的故事》（*Tales from the Ant World*）出版了，这本书是自《博物学家》之后，他另一本具有自传性的著作（图12）。《蚂蚁的故事》一书运用通俗易懂的语言，从蚂蚁的生存优势入手，介绍了蚂蚁的进化历程，并反观人类社会，从而引出关于环境保护的深刻主题。

◎ 图9 《蚂蚁》

◎ 图10 《蚂蚁之旅：科学探索的故事》

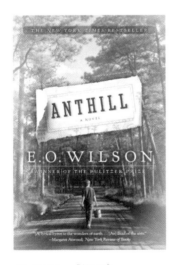

◎ 图11 《蚁丘》

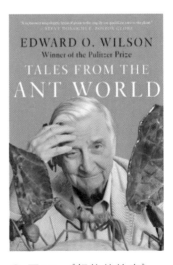

◎ 图12 《蚂蚁的故事》

关于蚂蚁生物学和蚂蚁生物地理学的研究，奠定了爱德华·威尔逊在学术上的第一个重要地位，这也是他留给当今的我们极重要的知识遗产之一。

二、《社会生物学》一石激起千层浪

爱德华·威尔逊于1975年写作了《社会生物学》(*Sociobiology*),他在这本书里首次提出并命名了社会生物学这个学科(图13)。我们知道,社会生物学是进化生物学的一个分支学科,而社会生物学这门学科又催生了进化心理学。因此,威尔逊成为了我们现在公认的"社会生物学之父"。

为什么说《社会生物学》一石激起千层浪呢?这是因为这本书共有二十七章,威尔逊在最后一章中将自己研究的成果延伸到了社会学、人类学方面,正是关于人:从社会生物学到社会学(Man: From Sociobiology to Sociology)的论述引起了人们的争议。他在《社会生物学》中这样写道:"人类许多社会行为(包括侵略性、自私性,乃至于道德伦理和宗教等方面),都是源于对物种的生存有益,因此通过自然选择筛选、保留,从而演化而来,这跟其他生物没有本质上的差异。"虽然《社会生物学》一书因为最后一章的内容引起了很大争议,但威尔逊还是在1976年获得了美国国家的科学奖章。而其获奖的原因正是:"For his pioneering work on the organization of insects and other animals"(表彰他在昆虫社会、昆虫及其他动物社会行为进化方面做出的创造性工作)。实际上,这方面的内容不仅仅包括昆虫,也包括其他动物,如脊椎动物。

《社会生物学》一出版,就掀起了轩然大波,反对意见主要来自社会学界,当然生物学界里也有很多反对的声音。其中,声音最大的恰恰是他在哈佛大学的两位同事,一位是著名的遗传学家理查德·列万廷(Richard Lewontin),他也是克拉福德奖的得主,还是纽约书评的专栏作家;另一位是著名的古生物学家斯蒂芬·杰·古尔德(Stephen J. Gould),他是间断平衡理论的提出者,也是一位著名的科普作家。这两个人因为这本书同威尔逊发生了激烈的争论,他们非常反对威尔逊把动物行为的生物学基础应用到人类学方面。威尔逊曾在1999年说:"毫不夸张地说,他们(指两位反对他的同事)不喜欢人性具有任何遗传基础的观点。"

这样强烈的社会反响和争议其实是来自方方面面的。1978年的美国科学促进会上有一场关于社会生物学的讨论会,会场上有很多的抗议者,其中一位年轻女士在威尔逊演讲时将一罐冰水从背后直接泼到他的头上,还说了一句:

"Wilson，you are all wet"，意指威尔逊完完全全搞错了。这个事件后来成为人们茶余饭后经常提起的故事。当时，《纽约时报》还报道了这个事件（图14）。从这些事件足以看出，《社会生物学》出版后确实引起了社会上很多人的反对。

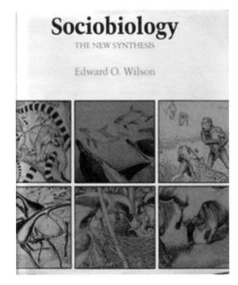

◎ 图13 《社会生物学》　　　　◎ 图14 《纽约时报》关于"泼水事件"的报道

威尔逊认为，这和20世纪70年代初的社会背景是密切相关的，当时，正处于政治争论的高峰期，其中大部分的争论与越南战争、民权和对经济不平等的愤怒有关系。所以，当时因为这本书，很多人给威尔逊贴上了种族主义、性歧视主义，甚至是"纳粹"这样一些骇人听闻的标签。

虽然发生了包括泼冰水事件等种种事情，但是威尔逊还是表现出了较为淡然的状态。会场上，他拿纸巾擦了擦身上，继续自己的演讲。他后来表示："我当时对自己说，这很有趣。我想我将成为近年来唯一一位因为一个想法而遭受身体攻击的科学家。"（"I was saying to myself，this is very interesting. I think I'm going to be the only scientist ever physically attacked in recent years for an idea."）由此可见，他是一个非常有涵养的人，并没有受到太大的影响。令人感到有点担心的是，当时在哈佛大学校园里也有一些反对的声音，有人进行抗议，甚至有人要求把他开除。但是幸运的是，科学还是经受住了考验。没过

多长时间，也就是1976年，威尔逊获得了美国国家科学奖章，并于1977年接受了卡特总统的亲自授奖。

这里，我们先来看看社会生物学这样一门学科，它有着非常深厚的科学基础。我看了一部分威尔逊的《社会生物学》，它是一部非常严谨的科学著作，其中讲解了一个生物学的机制，即广义适合度理论，这个理论是在20世纪60年代由一位群体遗传学方面的著名学者——威廉·唐·汉密尔顿（William D. Hamilton）在一部著作中提出的。我们通常理解生物，认为生物是以个体去开展竞争、合作，适应环境的。而广义适合度理论则跳出了生物个体的范畴去思考问题，它不仅包括生物个体通过成功繁殖后代、自己所传递下去的基因的数量，也包括在它的间接贡献下，其遗传近亲通过繁殖后代、所传递下去的基因的数量。广义适合度理论从选择的角度来看，是一个关于亲缘选择的理论。所谓亲缘选择，就是说生物在演化过程中，遇到与它有亲缘关系的个体是会进行照顾的，从而产生不完全只考虑自己的、也考虑与自己有亲缘关系的行为，且亲缘关系越近，帮助力度越大。这就是一种关于亲缘选择的理论，而亲缘选择的结果就是利他行为。也就是说，我们现在常说的"毫不利己，专门利人"，讲的就是这样一种社会行为。在很多社会性的动物群体里面，如蚂蚁群体是怎样分工合作，遗传学就给出了这样一种机制，这一机制就是现在进化生物学家普遍接受的一种机制。

◎ 图15 《自然》关于《社会服务》的封面（2010年）

威尔逊是一位非常喜欢提出挑战性、创新性观点的学者。2010年，他与几位同事共同写作了一篇文章——《社会服务——标准自然选择如何解释真社会性的进化》（*Social Service——How Standard Natural Selection Explains the Evolution of Eusociality*），并且登上了《自然》杂志的封面（图15）。他们在这篇文章里质疑了汉密尔顿的亲缘选择理论，支持了群选择理论。威尔逊认为："汉密尔顿的理论暗示，当亲戚们聚在一起时，就有一种机制在起作用，由于拥有共同的基因，他们更有可能形成一个群体。然而，这种解释从数学角度来看，漏洞百出。我们进化中成功的部分正是因为群体的形成，且往往是利他的。不管有没有基因关系，这些群体都经常合作。"他还说："我的同事大卫·威尔逊（群选择理论的主要倡导者之一）是这么说的。在群体内部，自私的个体会打败利他的个体，然而，群体之间爆发冲突时，由利他主义个体构成的群体会打败自私个体组成的群体。"

这篇文章发表后，又掀起了轩然大波，但这只是学术界里的一个争论，和《社会生物学》引起的争论还是有很大区别的。《社会生物学》因为涉及人的问题，所以争论跨越了生物学的边界，引起了全社会的争议。而这篇文章只是对进化生物学里一个理论的不同解读，即究竟是亲缘选择还是群选择？因为这件事，我专门去请教了研究这方面的专家——张德兴研究员，他来自中国科学院动物研究所。我和他一起在中国科学院大学给本科生教授进化生物学，他是主讲老师。他是这么给我解答的：威尔逊早期是不认同群选择的，后期（应该是2000年以后）积极支持群选择，"并将其用于解释社会性动物的进化，但是我认为他的理解有局限性，对遗传机制的理解不太对。我个人的观点是，群选择主要在文化进化中发挥作用，在遗传进化中不存在或不起主要作用，因为尚无一个机制可解释它如何有效运行（除非借助广义适合度理论，而该理论不需要群选择，亲缘选择即可解释社会性的进化）"。我觉得张德兴的观点其实代表了主流的进化生物学家的观点，包括和威尔逊合作的研究蚂蚁的专家，他们对他的观点也不是太理解。但是，威尔逊一直坚持自己的观点，在去世前的一些采访中，包括后来撰写的很多书中，他都大量使用了群选择的概念（也有人把群选择翻译成群体选择）。

还有一个机制可以用来解释社会性动物为什么要有这些社会行为方面，即表观遗传学。用简单的一句话解释就是，表观遗传是指可遗传的环境印记。在英文里，关于一般遗传学或者经典遗传学，我们常用的单词是"genetics"，而表观遗传学的英文则是"epigenetics"。早在20世纪50年代，表观遗传学就被提出来了，指的是在DNA序列不发生改变的情况下，在外部环境作用下，由于DNA甲基化（图16）、组蛋白修饰、RNA甲基化、非编码RNA等作用，通过基因的沉默或激活，生物的表型和基因表达发生了可遗传的改变。值得注意的是，这里强调的是在外部环境的作用下，基因像一个开关一样，可以开或者关，

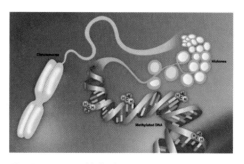

◎ 图16　甲基化的DNA

从而引起可遗传的改变。我作为一个古生物学家，也非常关注表观遗传学这个理论，尤其是关注各个地质时期生物与环境的关系方面。

关于表观遗传在进化中的意义，目前还存在一些争议，但是这一门新兴学科在农业、医学这些领域发展得非常快。威尔逊在他的书里面多次提及这个概念，认为它在人类文化的发展过程中起到了比较重要的作用，所以，我想在这里简单介绍一下这一理论。

这里，我选择了一篇发表在《科学进展》（*Science Advances*）上的文章——《婴儿期的表观遗传动力学和母亲参与的影响》（*Epigenetic Dynamics in Infancy and the Impact of Maternal Engagement*）（图17）。这篇文章从父母照看婴儿的角度来分析，人体激素产生变化实际上是因为受到了环境的影响。对于这一现象，很多人会使用进化生物学里面的进化发育生物学理论来解释，但是从遗传机制上来说，这就是表观遗传学所阐述的问题。关于这一问题，在人类行为学和文化领域也有不少相关的研究。

威尔逊曾经在一次采访中说道："我们对于为什么有些人比其他人更具侵略性、有些人更勤奋或更具音乐才能，一无所知，目前没有任何证据显示这些人的基因具有与众不同的特征。"（"We know nothing about why some people are more aggressive than others, some people are more entrepreneurial, indeed why some people have more musical ability than others. There

◎ 图17　《婴儿期的表观遗传动力学和母亲参与的影响》

is no evidence at all that such individuals differ in their genes."）其实，在当时，以分子生物学的研究水平，我们是不知道什么基因是对应着这些行为的。

在威尔逊去世之后，一位著名的科普作家、《纽约时报》专栏作者卡尔·齐默（Carl Zimmer）这样阐述这一现象：“在《社会生物学》问世以来的几十年里，研究人员已经查明了成百上千种影响人类行为变异的基因。人类与其他物种共享其中许多基因，它们也影响着这些动物的行为。”（“In the decades since ‘Sociobiology’， researchers have pinpointed thousands of genes that have an influence on variations in human behavior. Humans share many of these genes with other species，and they influence behavior in those animals as well.”）这段话主要讲了两点，一是这些基因并不是一一对应到某一个行为上面的，但是这些基因加起来，就会产生影响人类行为的变异；二是人类和其他很多动物共有一些基因。

在2021年发表在《自然·人类行为》（*Nature Human Behaviour*）上的一篇文章——《从人类行为的全基因组关联研究中剖析多基因信号》（*Dissecting polygenic Signals from Genome - Wide Association Studies on Human Behaviour*）（图18）中提及，如何从基因组的层次上来分析多基因的一些信号与人类行为的关系。这篇文章更多地介绍了多种基因的网络作用以及基因网络对行为的影响。这篇文章的作者还写了一篇科普文章——《微小基因差异叠加产生的巨大行为效应》（*Tiny Genetic Differences Add Up to Big Bahavioral Effects*），说的是，每一个基因起的作用很小，但是加起来可能就会产生比较大的行为学的效果。

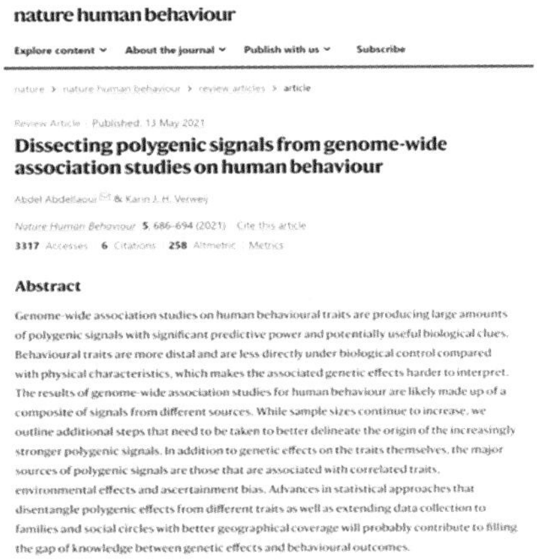
nature human behaviour

Explore content ⌄ About the journal ⌄ Publish with us ⌄ Subscribe

nature > nature human behaviour > review articles > article

Review Article | Published: 13 May 2021

Dissecting polygenic signals from genome-wide association studies on human behaviour

Abdel Abdellaoui & Karin J. H. Verweij

Nature Human Behaviour 5, 686–694 (2021) Cite this article

3317 Accesses | 6 Citations | 258 Altmetric | Metrics

Abstract

Genome-wide association studies on human behavioural traits are producing large amounts of polygenic signals with significant predictive power and potentially useful biological clues. Behavioural traits are more distal and are less directly under biological control compared with physical characteristics, which makes the associated genetic effects harder to interpret. The results of genome-wide association studies for human behaviour are likely made up of a composite of signals from different sources. While sample sizes continue to increase, we outline additional steps that need to be taken to better delineate the origin of the increasingly stronger polygenic signals. In addition to genetic effects on the traits themselves, the major sources of polygenic signals are those that are associated with correlated traits, environmental effects and ascertainment bias. Advances in statistical approaches that disentangle polygenic effects from different traits as well as extending data collection to families and social circles with better geographical coverage will probably contribute to filling the gap of knowledge between genetic effects and behavioural outcomes.

图18 《从人类行为的全基因组关联研究中剖析多基因信号》

1995年，《社会生物学》被国际动物行为学会评选为“有史以来最重要的动物行为学著作”，这让威尔逊感到十分自豪。这说明社会行为学得到了学术界的充分肯定。

社会生物学，是威尔逊留给我们的第二大知识遗产。

三、科学与人文的知识大融合

1978年，在《社会生物学》引发争议的大背景下，威尔逊一鼓作气又写了一本书——《论人的本性》(*On Human Nature*)（图19），从进化生物学的角度讨论了人类攻击、性、利他行为、宗教等。他认为这本书研究了"真正基于进化论对人类行为所作的解释必定会给社会科学和人文科学带来的影响"。

后来，因为在这个领域内引起了广泛争论，威尔逊变得更加关注这样的问题，也就此跟很多人展开了讨论。1981年，他和查尔斯·杰·拉姆斯登(Charles J. Lumsden)合作写了一本书——《基因、心灵与文化》(*Genes, Mind, and Culture*)（图20）建立了"基因-文化协同进化"理论，来解释人性的产生和本质。所以，他认为"文化来自于基因，并且永远具有基因的痕迹"。当然，他并不认为人类的文化单是由基因控制的，但是基因的痕迹是无法抹杀的。

◎ 图19 《论人的本性》

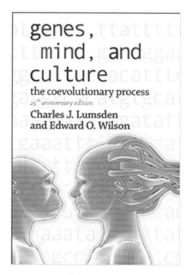

◎ 图20 《基因、心灵与文化》

1998年，威尔逊撰写了另一本更为重要的书——《知识大融通——21世纪的科学与人文》(*Consilience: The Unity of Knowledge*)（图21）。这本书的理论性较强，涵盖了广阔的知识领域：物理学、人类学、心理学、哲学、宗教、伦理与艺术等，力图建立统一的知识体系。他自己将这称为一场启蒙运动。这本书里讲到了美的起源的问题、关于行为的很多观点，他指出，其实书中的很多观点，达尔文早就提出过了。爱德华·威尔逊一直十分推崇达尔文这位行为学之父提出的很多观点，如达尔文在《人类的由来与性选择》一书中重点讨论的性选择的问题。

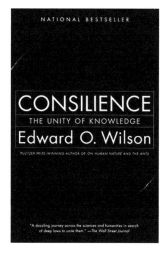

◎ 图21　《知识大融通——21世纪的科学与人文》

　　2017年，我在美国上学时的导师理查德·欧·普鲁姆（Richard O. Prum）（现在就职于耶鲁大学）写了《美的进化》（*The Evolution of Beauty*）（图22），并因此获得了普利策奖的提名奖。这本书也引起了很多争议，主流的学者们不大认同他的观点。理查德·欧·普鲁姆认为，美的选择不一定都是出于功利的需要，而是人类、动物的一种审美的需要，也引发了美的欣赏和进化。

　　关于这个问题，我担任总编的《知识分子》今年还发表了两三篇文章。其中有一篇是浙江省博物馆陈水华馆长撰写的，他是国内的鸟类学家，和理查德·欧·普鲁姆也很熟悉。在这篇文章里，他提出："进化美学告诉我们，人类美感的产生是人类起源和进化的产物，与人类对性的需要密切相关，也受到人类对食物和安全的需求的影响。"这是从生物学的角度来解释审美和艺术的起源。当然，这个观点也引发了一些争议，但我总体上还是比较赞同陈水华馆长的这一观点的。

◎ 图22 《美的进化》

关于艺术的起源，我们认为这其实也是一个完全可以从进化生物学的角度来探讨的问题。古人类学和考古学领域的相关研究也不断为此提供着新的证据。例如，根据最新文献，印度尼西亚的一幅4.55万年前的一头猪的岩画（图23）；更早的，5.1万年前的尼安德特人在鹿骨上的雕刻（图24）；还有更早的，来自约10万年前的南非的人类遗址的人工制品。那么，这些东西是不是就真正代表了最早的艺术呢？刻画也好，雕刻也好，我们认为它代表了一种不断地抽象化的过程（图25），如南非的人类遗址出土的人工制品代表了人类的一种象征性的行为（图26）。所以，尽管存在争论，我还是认为艺术的起源不是人类凭空产生的一些现象。

◎ 图23 印度尼西亚的岩画

◎ 图24 尼安德特人在鹿骨上的雕刻

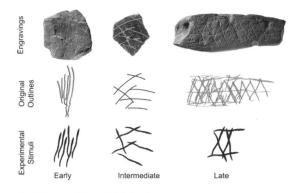

◎ 图25 刻画符号的演变

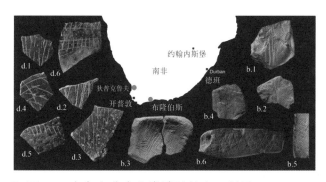

◎ 图26 来自南非古人类遗址的人工制品

2016年，威尔逊又撰写了《创造的本源》（*The Origins of Creativity*）（图27）一书。在书中，他详细阐述了"人文诞生于符号化语言。而仅凭借符号化语言这一种能力，就将人类自身和其他物种鲜明地区分开来。语言与大脑结构共同进化，将人类思想从动物大脑中解放出来，拥有了创造力，并由此进入不受时空限制的想象世界之中。人文与语言起源和演化的重要节点，从食植物到食肉

◎ 图27 《创造的本源》

的适应性转化、狩猎、火的使用与制造工具，及至围篝火烤肉及夜话时的'扯闲篇'（gossip）和'讲故事'（storytelling）"。他认为，这"正是人际的沟通促进了思维、想象和语言的发展，在创造力的巅峰，所有的人类都在叙述、歌唱、讲故事"。同时，在该书里，他也进一步阐述了五大学科（古生物学、人类学、心理学、进化生物学和神经生物学）的大融合。他认为，这是科学蓬勃发展的基石，是人文忠贞不二的盟友。

下面我们再看看宗教的起源。威尔逊认为宗教的起源也有生物学的背景，是从达尔文的生物进化的适应机制上可以解释的。他认为，"宗教可能是人类的本能之一；科学可以解释宗教，但不能削弱宗教实质的重要性"，如人类早期的一些膜拜行为、巫术。他在书中从正反两面分析了宗教的意义。从古生物学或者人类学、考古学的角度也发现了一些最新的证据。例如，在西班牙的Sima de los Huesos（旧石器时代下部的遗址，是西班牙中北部阿塔普尔卡山脉的 Cueva Mayor-Cueva del Silo 洞穴系统的几个重要部分之一，图28），据古DNA分析，骨骼属于尼安德特人或其祖先，这可能是目前发现的人类最早埋藏同伴的证据，距今约43万年。研究人员在距今23~33万年之间的南非的Dinaledi Chamber也发现了一些证据（图29）。

◎ 图28 Sima de los Huesos（西班牙）

◎ 图29 Dinaledi Chamber（南非）

2019年，威尔逊很了不起地在自己90岁的时候出版了《创世纪：从细胞到文明，社会的深层起源》（*Genesis: The Deep Origins of Society*）（图30）一书。他自己评价说，这是"我写过的最重要的书之一"。在书中，他提出："事关人类处境的一切哲学问题，归根结底，只有三个：我们是谁？我们从哪里来？我们最终要到哪里去？要回答第三个问题，我们必须对前两个问题有准确的把握。""演化史上的大转变：① 生命的起源；② 复杂（真核）细胞的出现；③ 有性繁殖的出现；④ 多细胞生物体的出现；⑤ 社会的起源；⑥ 语言的起源。"

◎ 图30 《创世纪：从细胞到文明，社会的深层起源》

"在生物演化史上，每一次从较低的生物组织水平迈向更高的生物组织水平（比如，从细胞到生物体，从生物体到社会），都离不开利他主义。""社会演化的主要驱动力之一是群体之间的竞争，其中不乏激烈的冲突（比如，部落、帮派、民族、国家之间的战争，常常十分血腥与残忍）。"

作为一名古生物学家，我们知道，过去的二三十年是古人类研究的黄金时期，我们很幸运地见证了很多重要的发现。我们目前大概知道，以直立行走为标志的话，大约700万年前非洲大陆就已经出现了很多这样的人类群体，如沙赫人；从南方古猿到直立人，一直到现代人，我们现在已经有了很多古人类学方面的证据。此外，在人类学研究方面，在最近20年间，古DNA学研究的发展为考古学带来了一场知识井喷和革命，同时对人类的历史也产生了深刻影响。我们知道，如尼安德特人、丹尼索瓦人等和现代人共存的人群之间存在普遍的基因交流现象。这些研究对于认识我们从哪儿来、我们是谁，给出了一些十分重要的科学证据。

威尔逊认为战争是基因与文化共同的产物。群体大了，就会形成部落；因为群体之间存在竞争关系，就有了战争。那么，从考古学方面来看，我们有什

么证据呢？20世纪60年代，一处位于苏丹萨哈巴的史前墓地内出土了61具人类遗骸（图31），其中20份骨骼样本上的伤痕说明死者生前曾多次遭受暴力。这是目前世界范围内最早的关于战争的记录，距今约1.34万年。战争，在人类历史上是长期存在的，直至今日。

2014年，威尔逊在他的《人类生存意义》（*The Meaning of Human Existence*）（图32）一书中试图探讨另一个终极问题——人为什么要活着？这个问题很深奥，所以有人评价这本书是他最具哲学思辨力的作品（his most philosophical work to date）。在书中，威尔逊提出"人类目前具有的一部分功能的缺失是由于全球文明仍处于早期发展阶段，而这一阶段仍将继续下去，但最主要的原因是我们的大脑配置不够精密"。

◎ 图31 苏丹萨哈巴的史前墓地内出土的人类遗骸

◎ 图32 《人类生存意义》

四、生物多样性保护的倡导者

威尔逊留下的另外一份重要的知识遗产，我认为是对生物多样性的保护。生物多样性的保护和社会生物学、岛屿生物地理学的研究其实都是相关的。岛屿生物地理学的研究奠定了保护生物学的基础，两者从学术上来说是一脉相承的。

　　爱德华·威尔逊从20世纪80年代起开始关注生物多样性的保护，并撰写了多部著作（图33~图35）。他提出了"biophilia"一词，一般被译成"热爱生命"。他认为"人类有一种与生俱来的生物学需要，即融入大自然，并与其他生命形式相关联"，我们热爱自然、热爱生命是一种天性，并提出一种机制，即"被多样的生物所包围的愉快感受是一种古老的生物适应性的体现"（"that feeling pleasure in being surrounded by a diversity of living organisms is an ancient biological adaptation"）。他认为人类的天性里有保护自然、保护生命的本能，我们今天之所以存在毁坏的行为，是偏离了原有的方向的。在这方面，他做了很多努力，利用自己的享誉度设立了基金和奖项，如"爱德华·威尔逊生物多样性基金"。此外，他还于2008年开始创建电子版"生命百科全书"（"Encyclopedia of Life"）（图36）；2016年他撰写的《半个地球：人类家园的生存之战》（*Half-Earth: Our Planet's Fight for Life*）（图37）正式出版。他在书中呼吁，人们保留一半的地球，不去污染它，通过利用另一半地球的资源一样可以养活人类自己。

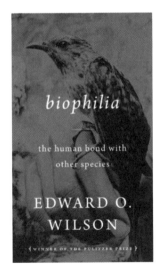

◎ 图33 《生生不息》
（威尔逊于1984
年撰写）

◎ 图34 《生命的未来》
（威尔逊于1992
年撰写）

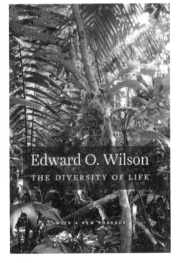

◎ 图35 《生物多样性》
（威尔逊于2001
年撰写）

Listen: E.O. Wilson on the "Encyclopedia of Life" Podcast "One Species at a Time"

Jun 13, 2013   by Foundation Staff   3 Comments

Ari Daniel Shapiro, E.O. Wilson, Encyclopedia of Life, Museum of Comparative Zoology at Harvard University

◎ 图36　电子版"生命百科全书"

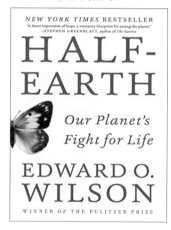

◎ 图37　《半个地球：人类
家园的生存之战》

　　作为一位古生物学家，我当然十分关注地质历史时期生物多样性的变化。众所周知，地质历史上曾经有五次生物大灭绝，大家最熟悉的应该是白垩纪末6500万年前的那次生物大灭绝事件，那么我们今天是不是处于第六次生物大灭绝的边缘呢？其实，这不是危言耸听，一系列重要的科学刊物，如《自然》上发表的文章，都指出人类如果不加限制地继续发展，未来几百年灭绝的生物规模会超过地质历史上主要的几次生物大灭绝规模，尤其是陆生动物。此外，《科学》杂志近期接连发表了两篇文章阐述了关于海洋生物多样性、岛屿生物多样性的内容，其中提到了生物种群数量的急剧减少，这实际上就是人类面临的生存危机（图38）。

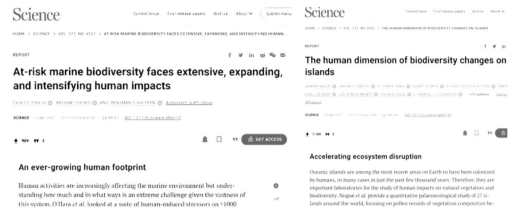

◎ 图38 《科学》杂志近期发表的关于海洋生物多样性、岛屿生物多样性的文章

五、威尔逊之后？

我们刚刚简单回顾了威尔逊留下的主要知识遗产，其中，我认为最重要的，第一是创建了社会生物学这个学科；第二是倡导了自然科学和社会人文学科的融合。那么最后，我们一起来看看他的知识遗产未来的发展前景。

众所周知，威尔逊被称为达尔文的传人，他自己是如何看待这个问题的呢？在一次《纽约时报》的采访中，记者问他："你希望留给世人什么样的印象？"（"How would you like to be remembered？"）他大笑着说道："作为达尔文的传人接过火炬，哪怕只是一小段时间。"（"As a successor to Darwin.[laughs] As having carried the torch，at least for a short while."）

经过认真思考，我认为威尔逊和达尔文在很多方面都具有相似性，他们都是从小就热爱动物，热爱自然（图39、图40）；他们都是意志坚定的研究人员，优雅、高产的作家，细心观察的博物学家，并且对于生物地理学的研究都基于野外考察；他们都在学习、思考的过程中改变了自己的宗教信仰；他们的研究领域都从生物延伸到了人类，并引起争议（包括一些古生物学家的反对），且其或者不了解情况，经常会问我达尔文是不是做错了，这其实都是因为他们对达尔文并不了解。影响超越了自然科学领域的边界。最重要的是，威尔逊和达尔文都承受了非常大的社会压力。达尔文个性十分谨慎，从《物种起源》到《人类

由来、性选择》，其中他停了很长一段时间才出版了第二本书。我认为达尔文揭示了人类的"卑微"身世。人类中心主义者往往认为，人类都很了不起，人类和动物不一样，人类天生就有着对高贵出身的崇拜。而威尔逊则解释了人类天性的"卑微"基础，他从科学的角度证明了人类和动物在很多天性上并没有本质区别。正因为有着如此多的共同点，所以我认为称威尔逊为"20世纪的达尔文"是恰如其分的。

◎ 图39 童年达尔文

◎ 图40 少年威尔逊

下面我们来看看一个词——社会达尔文主义（主张用达尔文的生存竞争与自然选择的观点来解释社会的发展规律和人类之间的关系，认为优胜劣汰、适者生存的现象存在于人类社会，因此，只有强者才能生存，弱者只能遭受灭亡的命运）。这可不是一个好词，这是我们要批判的。但是，这个词和达尔文是没有关系的。实际上，达尔文及其父亲、祖父都强烈反对贩卖和使用黑奴，他的外祖父塞奇伍德一家更是英国废除奴隶制度的活跃人物。有一些人对此有误解，

2009年，一个叫阿德里安·戴斯蒙德（Adrian Desmond）的人撰写了一本书——《达尔文的神圣事业——种族、奴隶制及探索人类起源》（*Darwin's Sacred Cause—Race，Slavery and The Quest for Human Origins*）（图41）。他在书中提出了一个假说，即"达尔文提出自然选择学说与生物进化论的原动力是为了探索人类的起源与演化，进而证明不同人种来自共同祖先，因而生来平等"。

他的意思是，达尔文写作这些书，是为了强调自己关于"人是平等的"这个理念。当然，他提出的这个观点也只是一个假说而已。

在本次讲座刚开始的时候，我们讲到威尔逊在社会生物学领域引起了很多争议，在他去世之后，科学界给予了他极高的评价，但是也有一些不和谐的声音出现。例如，《科学美国人》（*Scientific American*）上发表了一篇研究护理学的副教授写的文章——《爱德华·威尔逊的复杂的遗产》（*The Complicated Legacy of E. O. Wilson*）。在这篇文章里，他说："如果我们想要一个公平的未来，那我们应该一同考虑他和其他科学家的种族主义思想。"

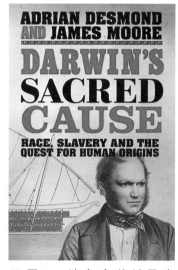

◎ 图41　达尔文的神圣事业——种族、奴隶制及探索人类起源

（"We must reckon with his and other scientist' racist ideas if we want an equitable future."），这里面便用了很多非常不恰当的标签，他甚至在这篇文章里面说达尔文等人都持有种族主义的观点。我觉得这简直骇人听闻。随后，科学博主拉齐布·汗（Razib Khan）发表了反驳性文章（图44）。从以上事件可以看出，很多人对威尔逊提出的观点存在偏见。其实，威尔逊在1981年就曾说过："为了澄清事实，我高兴地指出，在以社会行为生物学为基础的真正科学研究中，种族主义是没有正当理由的。"（"To keep the record straight，I am happy to point out that no justification for racism is to be found in the truly scientific study of the biological basis of social behavior."）

众所周知，威尔逊倡导的知识大融通，其实和英国学者查尔斯·珀西·斯诺（Charles Percy Snow）在20世纪50年代揭示的两种文化的隔阂现象是有一定的相似性的（图43），威尔逊也在他的书里多次提到了这个问题。1995年，约翰·布罗克曼（John Brockman）写了一本名为《第三种文化》（*The Third Culture*）的书，强调了科学与人文的融合（图44）。第三种文化的理念在某种意义上和威尔逊倡导的知识融通、科学与人文的融合是比较接近的。

Setting the record straight: open letter on E.O. Wilson's legacy

Response to Scientific American's "The Complicated Legacy..."

◎ 图42　拉齐布·汗发表的反驳性文章

◎ 图43　《两种文化及科学革命》

◎ 图44　《第三种文化》

　　这里，我也来谈一谈我自己的一点思考，即生命的本质是什么？我们一般认为，对生命来说繁衍后代是最重要的一个特征。此外，我认为以下两种关系也是非常重要的，一是遗传与环境，对我们人类来说就是基因与文化；二是个人与群体，个体之间、群体之间都存在一种竞争与合作的关系。我认为，这两种关系贯穿于整个生命及生命演化的过程。

简单来说，我前面介绍了表观遗传学。很多人简单地理解了这个问题，就觉得好像某个基因对应着我们的某个特征。实际上，这个问题远没有那么简单。首先，生命特征的产生不是由单基因决定的；其次，更重要的是还存在基因表达的过程，环境则在表达的过程中起到了很大的作用，而对人类来说，除环境之外还包括文化的影响。在这里，我想再次引用张德兴研究员的一句话："很多情况下，基因提供的只是'可能性'或者'潜力'，而把'可能性'或'潜力'变成现实还需要基因以外的条件；复杂性状，如性格、行为等通常都是受很多不同的基因交互影响，并且受环境因素（包括社会文化因素）影响很大。"我十分认同张德兴研究员的观点，文化在某种意义上也是一种外部环境。我认为对人类而言，自身的演化不是简单的基因改变，而是基因-文化-环境的协同进化。例如，我们前面提到的威尔逊和同事们创建的基因-文化协同进化理论也赞同这个观点。2019年，美国国家科学院院刊（*Proceedings of the National Academy of Sciences，PNAS*）上发表了一篇文章——《基因组学时代的基因-文化协同进化》（*Gene-culture Coevolution in The Age of Genomics*），阐述了文化是如何影响人类基因组的一些变化的。一方面，作为人类的特征，文化自身也在演化；另一方面，文化也是我们面对的环境之一，对人类自身的演化来说也是一种选择的因素。

除个体的竞争外，生物里也存在分工合作。这也是生物演化的一个主旋律。例如，真核生物的起源，它实际上就来自于原核生物的一种共生现象（图45）。从真核细胞单细胞到多细胞到复杂的生命，包括人体不同的器官之间，其实本质上来说都是个体和群体分工合作的过程。威尔逊认为："只有极少数物种（不到总数的2%）达到了高度的'真社会性'，其中以蚁类、蜂类与人类最为著名。这些具有'真社会性'的类群，都占据了陆地生态系统中的'霸主'地位。"就是说，合作是我们取得成功的重要因素。

关于这个问题，威尔逊是这样阐述的。"我们一直讨论人性的永恒冲突，一方面是利己与有利于自己后代的行为，另一方面是利他与有利于群体的行为。作为进化动力的这种冲突，似乎从未达到过平衡。然而，如果一味走向个体主义，社会就会分崩离析；但如果过分强调服从群体，人群便无异于蚁群了。""人类总是处在富有创造性的冲突之中，在罪孽与美德、反叛与忠诚、爱与恨之

间左右摇摆着。人文科学正是我们认识与应对这类冲突的方式。这类冲突是绝不可能得到彻底解决的。当然，我们也不必过于努力地去解决它，因为它塑造了我们智人这一物种，也是我们创造性的源头活水。"这就是说，我们要正视这样的冲突（它属于一种动物本性），而不要一味地去顺从他。

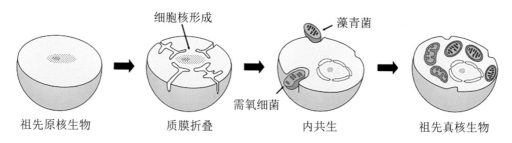

祖先原核生物　　　质膜折叠　　　内共生　　　祖先真核生物

◎ 图45　真核生物起源于原核生物(细菌和蓝藻)的共生

关于威尔逊的伟大设想，他的很多同事都认为他过于天真，或者说是过于乐观，其实他自己也有充分的认识。他认为："大多数人尊重科学，但也对它感到困惑不解——至少在美国是如此。他们不了解科学，反而更喜欢科幻小说，把科幻与伪科学当作刺激物，用来激发大脑的愉悦中心。我们毕竟还是旧石器时代追求刺激的原始人，喜欢《侏罗纪公园》胜过侏罗纪本身，偏爱UFO胜过天文物理学。""人类心灵进化的结果是信仰神，而不是相信生物学。在大脑进化的史前时代，接受超自然物体的存在为人类带来极大的好处。生物学是现代发展的产物，不受遗传程序的制约。"

所以，众所周知，爱德华·威尔逊留给了我们很多伟大的知识遗产。他充分认识到了他描绘的这些宏图及设想不是一代人能够完成的，所以他认为如果要诞生新的启蒙思想的话，还是要寄希望于一代又一代的年轻人。我想，人类的未来，一定离不开科学与人文、社会的融合！

（黄　柯　整理　褚建勋　审校）